늦기 전에 공부정서를 키워야 합니다

김선호(초등교육 전문가) 지음

서울 사립초
상위 1%
아이들의 비밀

길벗

"역사에 존재하는
단 하나의 위대한 상수는
모든 것이 변한다는 사실이다."
모든 것은 변한다.
(Everything Changes.)

— 유발 하라리, 《호모 데우스》 —

지금까지의 자녀 공부법은 잊는다.
오늘 다시 시작한다.

저 아이는 어떻게 저토록 잘 컸을까

매년 새로운 아이들을 만납니다. 장난이 심한 아이도 있고, 염려되는 아이도 있고, 있는 듯 없는 듯 조용히 자신을 감추는 아이도 있습니다. 그리고 늘 어김없이, 올해도 정말 괜찮은 아이가 보입니다. 웬만해서 상처받지 않고, 성격 좋고, 자존감 높고, 예체능 활동도 적극적이고, 거기다 공부까지 열심히 하는 아이를 보면 늘 궁금합니다.

"저 아이는 어떻게 저토록 잘 컸을까?"
"저런 에너지는 어떻게 만들어지는 걸까?"

그들에게는 공통점이 있었습니다. 바로 안정된 정서입니

다. 정서안정은 심리발달, 인성, 사회성뿐 아니라 학습에도 큰 영향을 줍니다. 특히 늘 꾸준히 높은 학습성취를 보이는 아이는 다른 아이와 달리 공부에 좋은 정서를 가졌습니다. 이를 '공부정서'라고 이름 붙였습니다.

한편 갈수록 벌어지는 학습격차가 염려됩니다. 아니, 인성과 예체능, 자신감과 사회성에서도 격차가 심해집니다. 가진 아이는 거의 모든 부분에서 블랙홀처럼 빨아들여 학급에서 우뚝 존재감을 드러내고, 그렇지 않은 아이는 왜곡되거나 위축된 모습으로 늘 주변만 맴돕니다.

"누구든 잘하는 것 하나쯤은 있다"라는 표현이 있는데 이제 '정말 그럴까?'라는 생각이 들 정도로 한쪽으로 치우치는 현상이 두드러집니다. 왜 아이들이 이런 격차를 더 심하게 보이는 걸까요?

서울 사립초등학교 담임교사로 15년 근무하면서, 정말 괜찮다고 생각되는 상위 1퍼센트 아이들을 분석하고, 상담하고, 학부모와 면담해서 특성을 도출해냈습니다. 결론적으로 그 아이들의 내면에는 '공부정서'가 탄탄하게 자리 잡혀 있었습니다. 그저 사교육을 통해 모든 것을 감탄스러운 수준으로까지 해내는 것이 아니었습니다. 그랬다면 사교육을 받는 대한민국의 많은 아이가 다 같은 모습이어야 했겠지요. 진짜는 미취학 시기부터 그리고 초등 시기까지 찬찬히 심어놓은 '공부정서'의 힘 때문이었습니다.

모든 것을 다 가져가 버리는 '공부정서'의 비밀을 대한민국 학부모에게 공개합니다. 초등학생이라면 누구나 '공부정서'를 갖게 하기 위해 이 책을 준비했습니다. 모든 아이가 공부정서를 키워 비싼 학비를 내는 사립초등학교에 보내지 않아도, 비싼 수강료를 내는 학원에 등록시키지 않아도, 학교만 다녀와도 되는 그런 세상이 빨리 오기를 바랍니다. 그러면 나는 직장을 잃어버릴지도 모릅니다. 그런데 현 추세로 보아서 그런 날이 그리 빨리 올 것 같지 않습니다.

시간이 더 흐르기 전에 모든 학부모가 자녀를 '공부정서'를 갖춘 아이로 키우기를 응원합니다. 그렇게만 된다면 더 이상 자녀에게 잔소리할 일이 없어질 겁니다.

2023년 3월,

초등교육 전문가 김선호

학습에서 앞서나가는 학생의 비결은 무엇일까

주요 일간지 교육 전문 편집장이자 교육 전문기자로 십수 년 간 교육현장을 누비면서 수많은 명문대생을 만났습니다. 그 중에는 누가 봐도 뛰어난 영재도 있었지만 절대다수는 IQ 면에서 평범한 학생들이었죠. 이들을 장기간에 걸쳐 인터뷰하면서 저는 깨달았습니다. 그들은 공부에 대한 정서가 긍정적이라는 공통점을 가졌습니다. 공부를 싫어하지 않았으며, 본인이 왜 공부를 해야 하는지 확고한 이유와 원칙이 있었죠. 그렇기에 공부를 할 때 누군가를 탓하거나 억지로 하지 않았습니다.

공부를 한다는 것은 유쾌한 과정만은 아닙니다. 스마트폰, 게임, 친구와의 수다 등 손을 뻗으면 닿는 주변의 유혹거리에 넘어가지 않고 참아야 하죠. 어려운 과제에 도전해 원하는 성과가 나오지 않아도 견뎌야 합니다. 이 과정이 초중고 12년 동안 이어집니다.

공부는 분명 아이가 스스로 해야 하는 일입니다. 부모가 공부할 환경을 만들어주고 습관을 잡아줄 수는 있지만, 공부를 제대로 하려면 아이의 마음이 동해야 합니다. 중학교 때까지는 부모의 노력과 사교육의 힘이 어느 정도 통할 수 있지만, 딱 거기까지입니다. 학습 내용이 심화되고 경쟁이 치열해지는 대입에서는 절대 통하지 않아요. 때문에 제대로 된 공부의 시작이라 할 수 있는 초등 때는 아이가 공부를 즐길 수 있도록 공부정서에 집중해야 합니다.

초등 때 공부정서를 강조하는 이유가 한 가지 더 있습니다. 요즘은 평생교육 시대이기 때문에 이때 싹튼 공부정서가 평생학습에 큰 영향을 미치기 때문이죠. 그렇다고 공부와 빨리 친하게 지내라고 아이를 압박하라는 의미가 아닙니다. 아이가 공부와 천천히 오래 친할 수 있도록 도와주라는 것이죠.

이런 면에서 공부정서를 강조하는 김선호 선생님의 책이 반갑습니다. 15년 서울 사립초등학교에서 담임교사로 일하며 수많은 학생을 분석하고 상담하면서 공부에서 그 무엇보다 중요한 것은 정서라는 그의 깨달음에 공감합니다. 코로나19로 인해 학습격차가 점점 커지고 있는 이때, 공부정서를 가졌느냐 그렇지 않느냐가 우리 아이의 평생공부에 중요하다는 메시지를 많은 학부모님과 꼭 나누고 싶습니다.

단언컨대, 공부정서는 어느 날 갑자기 생기는 것이 아닙니다. 유초등 때부터 오랜 기간에 걸쳐 형성됩니다. 그렇기에 부모가 방향을 잘 잡고 이끌어주어야 합니다. 정말 괜찮은 상위 1퍼센트 아이들이 공부정서를 어떻게 길렀는지를 오랜 기간 분석한 김선호 선생님의 책이 자녀의 공부정서를 놓고 고민하는 부모님들께 좋은 길잡이가 되기를 기원합니다.

방종임 편집장
(유튜브 '교육대기자TV' 운영자 겸 진행자,
《자녀교육 절대공식》 저자)

차례

1장 학습격차 시대, 우리 아이의 공부 현주소

아는 만큼 보인다, 공부정서

일찍 시작할수록 공부정서에 유리하다

4장 엄마가 바뀌면 우리 아이 공부정서 높일 수 있다

5장 생각의 전환으로 공부정서에 날개를 달자

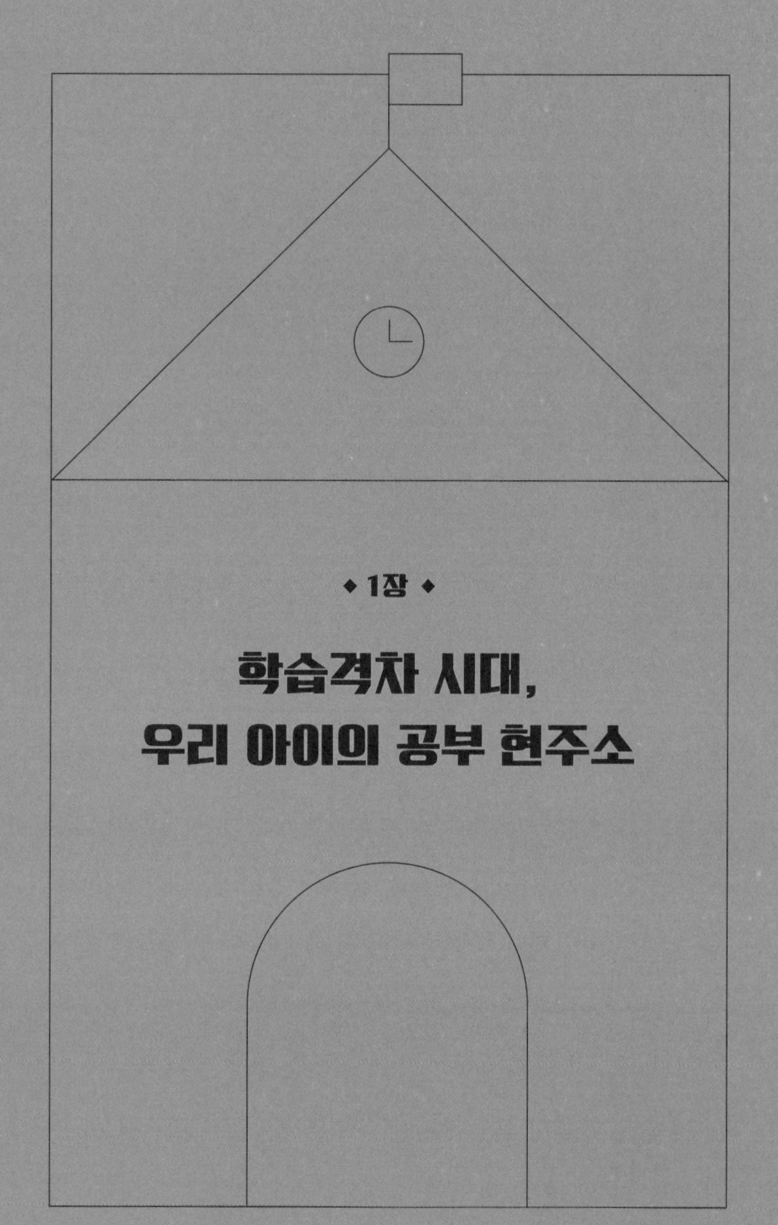

◆ 1장 ◆

학습격차 시대, 우리 아이의 공부 현주소

1

벼락공부 격차 시대가 왔다

교육 정책의 변화는 늘 학부모의 주된 관심을 받았다. 한 반에 70명씩 들어가는 콩나물 교실에서 무조건 공부하라며 일방적인 주입식 지식 전달을 하던 시대를 지나 한 반이 30여 명의 아이로 구성되고 창의력이 중요하다며 각종 활동을 장려하는 등 교육 현장에서는 수많은 변화가 이루어졌다.

그때마다 교육부는 아이의 학습 효율을 높이기 위한 다양한 정책을 발표해왔다. 하지만 아이러니하게도 갈수록 한 번 봐서는 이해하기조차 힘든 교육 정책이 늘어갔고 그럴수록 학습격차는 점점 더 벌어졌다. 공부 잘하는 아이와 못하는 아이 사이의 간극이 커지면서 중위권이 사라졌다.

아이들의 학습격차를 더 크게 벌린 건 1998년 발표된 '특수목적고등학교(특목고)'를 지정하는 법(초·중등교육법시행령)이다. 발 빠른 학부모는 특목고를 대학 입시의 중요 발판으로 받아들이고 중학생 자녀에게 특목고 입시 공부를 시키기 시작했다. 그러다 중학교 때 특목고 입시 준비를 하면 너무 늦다는 말이 돌았고 입시 공부의 출발점이 초등학교까지 내려왔다.

이로 인해 당연히 아이들 간의 학습격차가 더 심해졌다. 그런데도 다양하게 변주되는 정책을 인지할 여력이 부족한 대다수 가정에서는 아이는 놀려야 하고 오히려 선행학습이나 외국어 학습을 일찍 시키면 큰일 난다는 이론에만 사로잡혀 편하게 생각해왔다.

"나중에 좀 더 커서 지가 하고 싶다고 할 때 공부시켜도 돼. 대학 입학시험만 잘 보면 좋은 대학 가겠지."

공부정서의 관점에서 볼 때 안타깝지만 이 생각은 틀렸다.

(가끔 정말 틀린 생각이냐고 묻는 사람이 있다. 정말 그렇다.)

공부정서란 학습을 대하는 학생의 심리 상태로 특히 공부 자체를 긍정적으로 생각하고 즐기는 것을 말한다. 만 3~6세

때 부모와 안정애착을 이룬 상황에서 호기심을 마음껏 충족시키는 좋은 경험을 쌓아가면서 생기기 시작한다. 어릴 때 키워진 공부정서는 아이의 평생학습에 큰 영향을 미친다.

나는 사립초등학교에서 15년 이상 근무하고 있는 교사다. 이 기간 중 대부분은 5~6학년을 맡았다. 뛰어난 공부정서를 바탕으로 6학년을 졸업하면서 이미 학원에서 대학 입학시험에 나오는 영어단어 공부 정도는 끝마치고 중학교에 올라가는 아이들을 보아왔다.

서울에만 40개 가까운 사립초등학교가 있다. 전국적으로는 70여 개다. 보통 사립초등학교에서 공부를 안 한다는 아이도 대부분 영어만큼은 중학교 수준을 끝내고 졸업한다. 안타깝지만 중학교 올라가서 공부를 시작하면 된다는 생각은, 다시 말하지만 틀렸다. 중학교에 입학하면서부터는 이미 학습에 관한 한 출발선부터가 달라지기 때문이다. 벼락공부로는 이 격차를 뛰어넘을 수 없다.

벼락치기는 공부정서가 아니다

나는 지금까지 12권의 자녀 교육서를 집필했다. 대부분 초등 자녀의 심리, 인성, 대인관계, 직관력, 사춘기, 대화 관련 저서를 집필하다 보니 학부모 강연장에서 이런 질문을 많이 받는다.

"선생님, 우리 아이가 3학년인데 더 놀게 해도 될까요? 그게 정서에 좋겠죠?"
"선생님, 아이 아빠가 초등 시기에는 그냥 즐겁게 놀리는 게 사회성에 좋다는데, 그렇게 해도 될까요?"

이와 같은 질문은 인성과 공부를 별개로 생각하기 때문에 생기는 오해에서 비롯된다. 인성을 챙기자니 공부는 포기해야 할 것 같고, 공부를 챙기자니 인성은 대충 신경 써야 할 것 같다는 이분법적 논리는 틀렸다. 둘 다 같이 가야 한다. 실제로 공부정서가 좋은 아이는 인성과 공부 둘 다 가져간다. 안타깝지만 초등 저학년 시기 '그래도 인성이야' 하면서 노는 데 집중하는 경우, 고학년이 되면 후회한다. 그때는 인성과 공부 모두 하위에 머무는 경우가 많다. 가진 아이는 둘 다 갖고 없는 아이는 둘 다 헤맨다.

게다가 많은 초등학생 학부모는 자녀가 공부를 잘하는 줄 안다. 실제로 학교에서 시험을 보거나 학원 레벨 테스트를 받았을 때 무난히 과정을 통과한다. 하지만 그들 중 절반 이상이 공부정서가 바닥인 경우가 많다. 이유는 좀 놀다가 시험 일주일 전에 벼락치기를 해도 초등 시기는 어느 정도 성적이 잘 나오기 때문이다.

하지만 벼락치기는 공부정서가 아니다. 그냥 요령이다. 심지어 우리 아이는 원래 몰아서 공부하는 타입이기 때문에 그렇게 해야 한다고 생각하는 부모도 있다. 원래 몰아서 공부하는 타입이라서가 아니다. 아직 공부정서가 제대로 잡히지 않은 학생일 뿐이다.

2

우리는 평범한 학습 결과를 원하지 않는다

"공부를 잘하고 좋은 대학을 나와야 잘살 수 있는가?"

이 질문에 대한 대답은 '꼭 그렇지만은 않다'이다. 그런데 이 대답이 공부를 적당히 해도 된다는 식의 논리로 이어지는 것에는 반대한다. 질문을 이렇게 바꿀 수도 있다.

"좋은 대학을 나오지 않아야 잘살 수 있는가?"

당연히 대답은 '꼭 그렇지 않다'이다. 이 대답으로도 공부를 해야 한다고 주장할 수 없다.

이 책은 아이가 평생학습에 긍정적인 정서를 가지고 살아가게 하고픈 학부모의 욕망을 반영한다. 그것도 평범한 학습 결과가 아니라 탁월한 학습성취, 감탄하는 수준의 남다른 학습 결과를 원하는 학부모를 위한 책이다. 어떻게 해야 잘살 수 있는지에 대한 책이 아니다. 아이가 성공하거나 실패하거나 행복하거나 불행한 것은 결정적으로 삶을 마주하는 태도와 선택에 달려 있다. 이 책은 그저 아이에게 공부하는 무기를 하나 쥐어주어 더 당당하도록 도울 뿐이다.

우리 아이가 공부 잘하기를 바라고(기대), 그에 합당한 뒷바라지를 하는 것(지원)을 부정적으로 바라보는 모든 시선은 흘려버리기를 권한다. 자녀가 공부를 즐기고 높은 학습성취를 올리기를 바라는 욕구는 나쁜 게 아니다. 생각보다 이를 원하는 아이 또한 많고 이들은 높은 공부정서를 바탕으로 자기주도적으로 학습한다.

이제 우리 학부모도 똑똑해졌다. 아이의 심리는 고려하지 않고 심신이 힘들고 지치도록 학습만 강요하며 몰아붙이지 않는다. 일찍 시작하지만 아이의 발달을 고려하고, 인지뿐 아니라 정서에도 관심을 갖는다. 즉 공부정서가 중요함을 알고 공부정서가 높은 아이로 키우기 위해 노력한다.

공부정서 격차는 개별 관심에서 시작된다

그렇다면 공부정서가 높은 아이는 어떤 교육 환경에 노출되었기에 공부에 내적친밀감(마음속으로 가깝고 편하게 느낌)을 가질 수 있었을까? 많은 요인이 있지만 가장 중요한 한 가지를 꼽으라면 '일대일 관심'이라고 말하고 싶다.

공부정서는 어느 날 갑자기 놀 만큼 놀았으니 공부하겠다며 아이의 내면에서 저절로 커지지 않는다. 아이를 사랑해주고, 존중해주고, 호기심을 드러낼 때마다 하나씩 거의 무한반복에 가깝도록 놀면서 알려주는 누군가가 옆에 있어야 한다. 그런 사람이 있다면 아이가 어릴수록 좋은 학습 경험이 쌓이면서 공부정서가 쉽게 높아진다.

보통 부모가 이 역할을 맡는데 이는 자기 아이에게 부모만큼 관심을 쏟아줄 사람이 거의 없기 때문이다. 그래서 공부정서가 좋은 아이의 부모에게는 공통점이 있다. 엄마든 아빠든 자녀와 함께 활동하는 시간을 어떻게든 확보했다는 점이다. 특히 아이가 3~6세 기간에는 절대적으로 함께했다. 3세부터 공부정서 관련 교육이 가정에서 시작되었고 그것이 초등 고학년이 되면 학습격차로 드러나는 것이다. '배우고 익히는 과정을 즐기는 공부정서'를 갖춘 아이는 자존감과 만족도가 높고, 힘든 과정을 뚫고 나아가 끝내 원하는 것을 이루는 자기회복력과 자기조절력이 강했다.

이제부터 이 책에서는 지난 15년의 사립초등학교 교사 경험을 통해 관찰해온 공부정서가 높은 아이의 비밀을 하나씩 설명하려 한다. 먼저 사립초등학교의 상황부터 살펴보자.

3

경쟁력 있는 곳으로 교육 쏠림 현상이 나타났다

2020년 3월, 코로나19로 전국의 거의 모든 초등학생이 학교에 등교할 수 없는 상황에 놓였다. 그즈음 유튜브에서 한 초등학교가 유명세를 탔다. 바로 부산의 동성초등학교다. 4월에 이 학교의 온라인 개학식 이벤트 동영상이 게시되었는데 급속도로 조회수가 올라갔다.

영상에는 코로나19로 인해 학교에 오지 못하는 아이들을 그리워하는 엘사 교장 선생님이 등장한다. 빈 교실을 헤매던 엘사 교장 선생님이 결국 온라인 개학식으로 돌파구를 찾았다는 내용이다. 영상이 더 진행되면서 화면에 실시간 쌍방향 수업 시스템을 활용하는 듯한 장면도 나온다.

당시 많은 학부모와 아이가 이 영상을 보고 나름 감동받고 무언가 희망과 기대를 품었다. 그렇기에 이 영상이 폭풍 인기를 끌었던 것이다. 그런데 부산 동성초등학교가 '사립초등학교'라는 사실을 아는 사람은 많지 않았다.

코로나19로 인한 것이 아니다, 코로나19로 알려졌다

한동안 뉴스에서 코로나19로 인해 학습격차가 심화되었다는 보도를 쏟아내면서 많은 부모가 학습결손(아이의 평소 학습 습관이나 태도, 부적절한 수업방식 등으로 학습 결과가 나빠지는 것)을 걱정했다. 그런데 정확하게 알아야 한다, 학습격차가 심화된 건 맞지만 그 원인이 코로나19 때문은 아니다. 앞에서 말했듯이 이미 격차가 심각했고, 코로나19 때문에 그 사실이 표면으로 떠올랐을 뿐이다.

그러면서 사립초등학교들은 조용한 호황을 맞이했다. 최근 10여 년간 학령기 인구가 감소하면서 사립초등학교에 지원하는 아이의 수가 줄어드는 추세였다. 하지만 코로나19로 교육이 온통 혼란한 시기, 사립초등학교 지원율은 세 배 이상 급증

했다. 2020년 11월 나온 통계에 따르면, 서울 시내 사립초등학교의 평균 지원 경쟁률이 6.8대 1을 기록했다. 10대 1이 넘는 곳도 열 곳가량 되었다.

그렇게 불붙은 경쟁률이 최근 더 극적인 상승세를 보였다. 2023학년도 서울 사립초등학교 입학 경쟁률이 최대 29대 1까지 오른 것이다. 서울 38개 사립초등학교 신입생 추첨에만 4만 5,569명이 지원해 평균 12.6대 1의 경쟁률을 갈아치웠다. 코로나19 이후 최근 3년간 학년기 아동이 줄어 서울 공립학교의 폐교 뉴스까지 나오는 와중에 6.8대 1 → 11.7대 1 → 12.6대 1로 지속 상승한 것이다. 사립초등학교는 오히려 학급 수를 늘려야 하는지 행복한 고민을 하는 실정이다.

외국으로 조기유학을 떠났다가 한국으로 돌아온 아이도 많은 경우 공립이 아닌 사립으로의 전입을 선택했다. 학부모의 말을 들어보니 이유는 간단했다.

"아이가 공립에 다니는 학부모 이야기를 들어보니 온라인 수업이 거의 EBS 영상을 보여주는 수준이라서 보낼 수가 없었어요."

"사립초등학교는 온라인 수업을 해도 쌍방향으로 진행해 평소 수업과 큰 차이를 느끼지 못한다는 얘기를 들었습니다."

비대면 수업이라고 해서 EBS 동영상에만 의존한다면 이는 사실상 아이를 방치하는 것에 가깝다. 비대면 수업의 질이 공립학교에 비해 훨씬 좋다는 입소문에 연 천만 원이 넘는 학비를 부담하면서 자녀들을 입학시키려 부모들이 몰려든 것이다.

그로부터 1년쯤 지나서 전국의 학교에 교육부 지침이 내려왔다. 적어도 매일 아침 조회시간에라도 쌍방향으로 출석 확인을 하라는 내용이었다. 이미 몇 개월 전부터 대부분의 사립초등학교는 전 과목 쌍방향 수업을 진행했기에 뒤늦은 지침을 받아보니 참 우려스러웠다.

사립초등학교 교사로서 솔직히 말하자면, 이는 사립초등학교 교사들이 뛰어나서가 아니다. 사립초등학교는 생존을 위해 교육한다는 특수성이 있다. 좋은 교육 커리큘럼을 만들어 아이를 한 단계 업그레이드시키지 못하는 사립초등학교는 입학생이 줄어들어 결국 존폐의 위험에 놓인다.

사립초등학교는 교육에 필사적이다. 필사적으로 교육하는 환경에서, 필사적으로 교육받는 아이를 따라잡기란 일반적인 상황에서 결코 만만한 일이 아니다.

학원 역시 비슷한 상황이었다. 학부모는 이 시기 자녀의 학습결손을 우려하며 사교육을 돌파구로 삼으려 했고 이에 발

맞추어 질 좋은 비대면 수업을 준비한 학원은 학생을 더 많이 확보할 수 있었다. 수업 내용이 좋은 강사, 시스템을 잘 갖춘 유명 학원의 경우 비대면 수업 방식을 통해 오히려 전국적으로 더 많은 학생을 가르치며 호황을 누렸다. 2023년 교육부가 발표한 '초중고 사교육비 조사 결과'에 따르면, 2022년에 역대 최고인 26조를 썼다고 한다. 초등학교만 따로 보면 13.1퍼센트 증가로 증가폭이 가장 컸다.

이 말은 바꿔 표현하면 그러한 수업 기회를 갖지 못한 아이는 학습격차가 더 크게 벌어졌다는 이야기다.

한쪽에서는 코로나19로 학습결손을 염려하는 시기, 다른 한쪽에서는 오히려 학습격차를 더욱 벌릴 기회를 잡고자 교육의 질이 우수한 곳으로 학생들이 몰리는 현상이 발생했다.

4

진짜 문제는 공부정서 격차다

2020학년도에 필자는 5학년 담임교사를 배정받았다. 하지만 코로나19로 인해 학교에 많은 변수가 생겼다.

우선 여러 사립초등학교가 전 과목 쌍방향 실시간 화상 수업을 선택했는데 내가 근무하는 학교도 등교 불가 단계에서는 쌍방향 온라인 교육을 하고 등교가 가능한 시기에는 오전 오후반으로 나누어 대면 수업을 진행했다. 50퍼센트만 등교한 상태에서 아이를 다시 2개 반으로 나누어 평상시의 25퍼센트 밀도로 거리두기의 간격을 넓혀 수업했다.

한 학급을 2개 반으로 쪼개야 했기에 담임교사가 1명씩 더 필요했다. 학교에서는 고민 끝에 보조담임제를 활용하기로 했다. 나는 오전에는 1학년 한 학급을 맡아 보조담임을 했고, 오후에는 5학년 학급 담임교사를 했다.

오전과 오후에 다른 아이들의 담임을 했기에 정신적으로나 육체적으로 피로감이 컸다. 하지만 덕분에 1학년 아이들을 오랜만에 마주했다. 15년 교직생활 중 7년을 6학년 담임을 할 정도로 스스로 생각해도 필자는 고학년에 최적화된 교사였다. 나머지도 대부분 3학년 이상의 학급을 맡았다. 1학년 보조담임을 한 건 저학년 아이들에 대해 새로운 정보를 얻은, 소중한 시간이 되었다.

1학년이지만 생각보다 학습격차가 컸다

1학년을 만나면서 생각보다 아이들 간의 학습격차가 크다는 사실을 알았다. 여기서 학습격차란 공립초등학교의 학습 진도표를 기준으로 몇 년 분량의 공부를 더 했느냐를 의미한다. 글자를 읽을 수 있는지 없는지에 따라 최소 6개월의 격차가 생긴다. 숫자를 읽고 쓰고 몇 단위 숫자의 연산을 할 수 있느냐 없느냐에 따라 1년 이상의 격차를 보인다. 특히 영어 격차가 컸는데, 영어 유치원을 다닌 아이와 그렇지 않은 아이 간에는 최소 2년 이상의 격차가 있었다.

공립학교에서는 3학년이 되어야 공식적으로 영어를 배우지만 사립에서는 방과후 특별활동을 통해 더 일찍 시작한다. 물론 공립도 방과후 수업으로 1학년부터 배울 수 있지만 모든 학생이 참여하지는 않는다. 사립초등학교에서는 대다수가 방과후 영어수업을 선택하는데 그 수준이 매우 높다. 전문 영어학원 수준으로 체계적이고 독자적인 커리큘럼을 가지고 있다.

그동안 중학년(3학년) 이상의 학생만 보았기에, 1학년부터 이렇게 큰 학습격차를 안고 출발하는지 몰랐다. 단지 학년을 올라가면서 간극이 벌어졌다고만 여겼다. 하지만 아이들은 이미 1학년부터 적게는 1년, 많게는 3년 정도의 학습격차를 갖고 있었다. 1학년이어도 같은 1학년이 아니었다.

과연 이 학습격차를 어떻게 줄일지 염려가 되었다. 코로나19로 인해 제약도 많은 상황이니 걱정은 더 컸다.

코로나19 상황에서도 학습격차를 현저히 줄였다

2020년 1학년 입학생 중에 특히 학습격차가 2년 이상 차이가 났음에도 2학년으로 올라갈 즈음 그 격차를 줄인 아이들이 있었다.

바로 공부정서 차이가 관건이었다. 공부정서가 좋지 못한 아이는 온라인 수업에 집중하지 못했다. 하지만 공부정서가 좋은 아이는 온라인 수업에도 집중도가 높았고, 결국 학습격차를 줄이는 데 그리 오랜 시간이 걸리지 않았다.

온라인 화상 수업의 특징은 담임교사는 아이를 화면으로 직접 보지만, 아이는 담임교사가 자신을 바라보는지 알 수 없다는 점이다. 그래서 딴짓을 하는 아이가 많다. 자신의 현 상황을 무의식적으로 노출하는 것이다.

그런데 공부정서가 좋은 아이는 담임교사가 보는지 안 보는지에 관심을 두지 않았다. 단지 학습 내용에 집중했고, 그 결과 높은 학습성취를 유지할 수 있었다.

놀라운 발견이었다. 대면이든 비대면이든 학습성취를 높이고 학습격차를 줄이는 해결책은 아이의 공부정서에 있었다. 공부정서가 좋은 아이는 환경이 변한다고 해서 공부 접근법이 달라지지 않았다. 한결같이 학습에 관심을 보였다.

결국 중요한 것은 학습성취 격차가 아니라 공부정서라는 사실이 드러났다. 학습격차의 최고점에는 공부정서가 있었다.

5

상위 1퍼센트 초격차 아이의 학교생활은 다르다

15년의 교직생활 중 인공지능 프로그램이 스스로 배워나가듯 자기주도적으로 지속해서 공부에 몰입하는 아이를 여럿 볼 수 있었다. 특히 공부정서가 극도로 높은 초격차를 보이는 아이는 매년 학급에서 2~3명 정도로, 지금까지 40명가량을 만났다. 약 10퍼센트 비율로 이만 해도 꽤 높은 편인데 특이하게도 초격차 아이는 예체능에서도 뛰어난 성취를 보였다.

사립초등학교에 근무하면서 뛰어놀기에도 빠듯한 점심시간에 악기를 연주하며 노는 아이를 볼 때마다 놀랐다. 사실 악기 연주를 할 만큼 점심시간은 여유가 있지 않고 모든 아이가 악기를 연주하며 노는 것은 아니다. 그래도 몇 명은 그렇게 논다.

그중에 기억에 남는 3명이 있다.

'민철, 미아, 수지.'(모두 가명)

보통 또래 그룹에는 놀이 문화를 주도하는 아이가 있는데, 그 그룹에서는 민철이가 그랬다.

"우리 오늘은 점심시간에 나가서 놀지 말고 오케스트라 연주할 거 미리 악보 맞춰볼래?"

이렇게 민철이가 제안하면 아이들은 흔쾌히 고개를 끄덕였다. 점심시간이 되자 셋은 서둘러 밥을 먹고 의자를 교실 한 모퉁이에 동그랗게 모은다. 민철이는 첼로를, 미아는 바이올린, 수지는 플루트를 꺼낸다. 악기를 꺼냈다고 바로 연주할 수 있는 것은 아니다. 5분 정도 악기 조율을 해야 한다. 수지가 플루트로 기본음을 들려주면 민철이와 미아가 조율을 한다. 이제 악보대를 펴고 악보를 올려놓고 눈빛을 주고받는다. 연주를 시작할 준비가 되었다는 뜻이다.

밥 먹는 데 15분, 연주할 자리 만들고 조율하는 데 10분, 벌써 25분이 지났다. 그러면 남는 시간은 약 20분 정도다. 아니, 악기를 케이스에 넣고 정리할 시간도 필요하기에 15분 정도만 쓸 수 있다.

함께 연주하는 15분을 위해 이 아이들은 많은 수고로움을 기꺼이 감수한다. 자리 옮기고 악기를 꺼내며 조율하는 내내 서로 떠들고 웃으며 그 시간을 즐긴다. 연주하면서도 또 웃다가 멈추다가 행복한 표정을 짓는다.

이 아이들은 당시 초등학교 4학년생이었다.

아이들의 꿈은 모두 달랐다

혹시 이 아이들이 예술중학교를 준비하기에 이럴 수 있다고 여기는가? 그렇지 않다. 다들 평범한 초등학생으로 꿈도 달랐다. 미아는 법조인, 수지는 소아과 의사가 되고 싶다고 하고, 민철이는 선생님이 꿈이다. 성격도 무척 달라 미아는 당돌했고, 수지는 공감력이 높았고, 민철이는 세심했다. 그런데도 때때로 놀이삼아 악기 연주를 하며 시간을 보냈다.

이 아이들의 수업 집중도 역시 남다르다고 느낄 정도로 높았고 안정적이었다. 예술 수업뿐 아니라 수학, 국어, 과학, 사회, 영어 모두에 깊은 관심을 보였다.

세 아이의 공통점이라고는 딱 한 가지, 공부정서가 엄청나게 높았다는 것뿐이다.

쉬는 시간에 영어 원서를 읽는 아이

학급 아이의 놀이 문화는 해마다 달라진다. 한번은 <해리 포터> 열풍이 학급에 퍼졌다. 많은 아이가 <해리 포터> 등장 인물을 칠판에 그리고, 책 속 마법 지팡이를 들고 다녔다. <해리 포터> 망토를 주문했다고 빨리 도착하기만 기다리는 아이도 있었다.

그러던 어느 날, 한 아이가 <해리 포터> 영어 원서를 읽기 시작했다. 다음 날 다른 아이도 영어 원서를 들고 왔다. 쉬는 시간과 점심시간, 교실에 옹기종기 앉아 두툼한 <해리 포터> 원서를 읽는 아이들을 보며 생각했다.

'내가 갑자기 마법 학교 교수가 된 기분이군.'

왠지 나도 망토를 두르고 한 손에 마법 지팡이를 들고 수업을 해야 할 것 같았다.

공부정서가 좋은 아이에게는 영어책 읽기도 일종의 놀이 문화가 된다. 그들에게 영어 공부는 <해리 포터>를 원서로 읽는 능력을 주는 고마운 시간이 된다. 수업 시간이 소중해지는 건 어찌 보면 당연한 일이다.

그들에게는 영어 원서 읽기가 놀이였다

<해리 포터> 책에 거의 코를 박다시피 한 효리에게 말했다.

"오후에 영어학원 가면 몇 시간씩 영어를 봐야 하는데 점심 시간에는 좀 놀지 그러니."

효리는 황당하다는 표정을 지으며 대답했다.

"선생님, 저 지금 노는 건데요."

멋쩍게 쳐다보는 나에게 효리가 갑자기 말했다.

"이모불루스."

"그게 무슨 말이니?"

"정지시키는 마법이에요. 책을 더 읽고 싶어서요. 선생님을 정지시키면 수업 안 하고 더 읽을 수 있잖아요."

"음… 그렇구나. 그럼 난 아라니아 액서마이!"

"그건 무슨 주문이에요?"

"밀쳐버리기 마법 주문이야. 너의 주문을 밀쳐버리려고."

"선생님!"

"자, 수업 시작이다. 오늘은 특별히 5분 일찍 시작한다!"

어느 소설 속 마법 학교 이야기가 아니다. 대한민국에서 초등학교를 다니는 공부정서가 높은 어느 아이의 이야기다.

연세대학교 영어영문과 고광윤 교수는 저서 《영어책 읽기의 힘》에서 이렇게 말한다.

사실 (영어책 읽기) 시작 시기보다 더 중요한 것은 책 읽기를 즐기는 것입니다. 영어 그림책을 읽어주는 것은 (영어책이 아니라) 그냥 책을 읽어주는 것이 되어야 합니다. (…) 좋은 책을 함께 읽으며 대화를 나누고 정서적으로 교감하는 것이 영어책 읽어주기의 핵심이 되어야 합니다.

어려서부터 좋은 영어책을 함께 읽으며 책 내용에 교감하고, 영어에 내적친밀감을 키운 아이는 영어책 독서 자체를 놀이로 느낀다. 좋다는 책을 엄청 사주면서 방 안에 가두고 책을 읽혀야 아무 소용이 없다. 단 1권의 책이라도 거실에서 부모와 함께 즐거운 느낌을 공유하며 읽고 책세상으로 빠져들어야 한다.

두툼한 <해리 포터> 원서 읽기는 어른이 보기에 부담스러운 공부처럼 느껴질 수 있지만 이렇게 커온 아이는 교실에서도 혼자 영어 원서와 놀 수 있다.

6

메타인지가
학습격차를 자각시킨다

"아빠는 왜 나를 우물 안 개구리로 키웠어?"

교사가 아닌 아빠로서 아이에게 들은 가슴 아픈 말이었다.

교직생활을 한 지 2년 즈음이 지났을 때, 아이가 초등학교에 입학할 나이가 되었다. 늦은 나이에 교대로 편입해 공부했기 때문에 30대 중반에 교사가 되었다. 처음 사립초등학교 교사로 임용되어 공립학교에 비해 학습성취가 꽤 높은 아이들을 보면서 의구심이 들었다.

'이제 1학년인데… 저렇게 많은 것들을 해야 할까?'

결국 내가 근무하는 학교에 딸의 입학원서를 내고 약 3대 1의 추첨을 통과해 입학통지서까지 받았지만, 최종적으로 입학을 포기했다. 그 많은 공부량을 부담시키기보다는 1~2학년 시절에는 자연에서 뛰어놀게 해주고 싶었다. 강화도 북쪽, 한 학급 인원이 5명 남짓 되는 작은 학교에 입학시키고 나는 강화에서 서울로 출퇴근했다.

그렇게 딸아이는 시골에서 1~2학년을 보냈다. 5명 중에 수학 시험을 제일 잘 봤다고 기뻐했고, 달리기 1등을 했다고 좋아했다. 3학년 1학기를 마칠 즈음 생각했다.

'이 정도 자연에서 지냈으면 됐다. 이제 그만 서울 학교로 전학 가자.'

3학년 2학기, 내가 근무하는 사립초등학교로 전학을 시켰다. 그러고 두 달 후 등교하는 차 안에서 딸아이가 내게 했던 말이 맨앞의 그 말이다.

아이는 처음에는 정말 전학 오기 싫어했다. 친구들과 헤어지기 싫어해, 한 달 동안은 거부반응이 몸으로도 나타났다. 등교하는 차 안에서 심하게 멀미를 했다. 말은 하지 않았으나 아이의 무의식은 매일 아침 내게 이런 말을 했다.

'이것 봐, 아빠. 아빠가 날 전학시켜서 이렇게 매일 힘들게

멀미를 하잖아.'

그랬던 아이였는데 한 달이 지나자 스트레스를 몸으로 나타내는 신체화 반응이 사라졌고 두 달이 지났을 때 자신을 '우물 안 개구리'였다고 표현했다. 초등학교 3학년, 열 살 여자아이가 자신의 그간 삶이 '우물 안 개구리'였다는 걸 자각한 순간 어떤 마음이었을까?

현재 위치를 파악하면 갈 길이 보인다

'자각'은 메타인지를 통해 가능하다. 나의 현재 위치를 인지하게 해주는 의식이 바로 '메타인지'다. 존 플라벨(J. H. Flavell)이라는 미국의 발달심리학자가 1970년대 만든 용어로 상위인지, 초인지라고도 한다. 이는 인지 과정에 관한 인지 능력, 즉 자신이 무언가를 아는지 모르는지를 정확히 파악하는 상태를 말한다. 메타인지는 공부정서에 있어서 중요한 출발점이다. 현재 내 실력, 상태, 능력, 환경 등을 한 발 떨어져 보게 해주기 때문이다.

"아빠, 그냥 1학년 때부터 여기 다닐 걸 그랬어. 그래도 지금이라도 알았으니 다행이야."

딸아이의 이 말이 메타인지다.

하루하루가 현장체험 같은 시골에서 지내던 아이가 서울의 일반 공립학교도 아니고 사립학교로 바로 전학을 왔으니 학습격차가 컸다. 아이는 그 격차를 자각하고 많이 놀란 눈치였다. 그래도 평소 독서량이 많았기에 수업 내용을 따라가는 데는 큰 지장이 없었다. 단지 시골 학교에서는 쉬는 시간에 중학교 문제집을 꺼내서 푸는 친구 모습을 한 번도 본 적이 없었기에 그 부분에서 사뭇 충격을 받은 모양이었다.

그저 그림 그리기 좋아하고, 친구들과 수다 떨기를 즐기던 아이가 스스로 무언가를 배우고 익히는 데 집중해야겠다고 마음먹기 시작한 것은 다름 아닌 스스로에 대한 자각 때문이었다. 그 자각은 환경의 변화에서 비롯되었다. 새로운 환경에 놓인 자신과 이전 생활을 비교하니 간극이 보인 것이다.

메타인지는 가만히 있으면 얻어지는 게 아니다. 일상 환경에서 떨어져 멀리 갔을 때 메타인지 라이트가 켜진다. 사람들이 잠시 여행을 떠나고, 새로운 곳으로 발걸음을 돌리는 이유는 낯선 환경을 경험하기 위해서라기보다, 무의식적으로 자신의 위치를 확인하기 위해서다.

아이의 메타인지를 발동시키려면 낯선 환경으로 데려가는 경험이 필요하다. 한곳에 오래 머물면 메타인지는 활동하지 않는다. 자각이 필요 없고 그냥 길들여지기 때문이다.

공부정서는 초등 이전의 경우 공부 자체에 대한 긍정적인 경험에서 생긴다. 하지만 초등 이후는 자신의 부족한 부분을 바라보면서 그 빈 공간을 메꾸고 싶다는 욕구에서 비롯한다. 빈 공간을 바라보려면 메타인지의 도움이 꼭 필요하다.

공부정서 톡톡 1

나를 알아가는 명상

Q 뛰어놀기에도 바쁜 초등 아이들이 가만히 앉아 명상한다는 게 쉽지 않을 텐데요… 아직 이렇게 어린아이들이 명상을 제대로 할 수 있을까요?

A 네, 물론입니다. 저는 실제로 몇 년 전부터 제가 담임을 맡은 학급의 아이들에게 주기적으로 명상을 시키는데 어른보다 훨씬 더 잘합니다. 초등 아이의 명상 몰입도는 상상 그 이상입니다. 어른들이 30분 동안 명상한다고 앉아서 겉돌기만 할 때, 아이는 30초면 이미 깊숙이 명상의 순간으로 빠져들어갑니다.

Q 왜 초등 아이들에게 명상을 가르치는 건가요? 그 이유부터 이야기해주세요.

A 공부정서에 '메타인지'가 큰 역할을 한다고 말씀드렸지요. 명상은 그 메타인지를 강화시킵니다. 메타인지는 주로 직관적 사고를 통해 일어나는데, 이러한 직관적 사고가 명상하는 과정 중 활발해집니다. 또 공부정서가 좋은 아이가 보여주는 자기조절력도 명상을 통해 멈춤을 배워 키울 수 있습니다.

Q 직관적 사고와 멈춤이라… 좀 더 구체적으로 설명해주세요.

A 직관적 사고는 이성이나 논리적 판단을 멈추고 대상을 직접적으로 바라보며 파악하는 것입니다. 명상을 통해 복잡했던 사유의 과정을 잠시 내려놓으면 빈 자리를 직관이 차지하죠. 아이는 그 순간 '아!' 하고 스스로에 대한 통찰의 순간을 만나게 됩니다. 명상은 그러한 직관을 적극적으로 활용하는 환경을 제공합니다.

'멈춤'은 휴식을 주는 역할을 합니다. 문제의 대부분은 멈춰야 할 때 멈추지 못해 생깁니다. 명상을 통해 마치 복잡한 실타래를 끊어버리는 듯한 과정을 거치면 동시에 메타인지가 작동합니다. 그러면 정신없이 달리고 있던 자신을 한 발자국 떨어져 바라보게 됩니다.

Q 명상에 그런 역할이 있나요? 보통 우리 생각에 명상은 마음이 편안해지거나 고요해지기 위해 하는 거 아닌가요?

A 일반적으로 그렇게 생각을 하시죠. 또 실제로 가만히 정좌하고 앉은 모습을 보면 신비롭기도 하고 평안해 보이기도 하고요. 하지만 명상은 하면 할수록 감각을 더욱 예민하게 만들어줍니다. 평소에는 느끼지 못했던 작은 변화들을 계속 감지해내기 때문에 내면에 있던 강한 역동들을 마주하게 됩니다. 그러면서 진짜 자신을 느껴가기 시작하는 것이죠.

Q 그럼 집에서는 아이에게 어떻게 명상을 가르쳐야 할까요?

A 먼저 명상을 어렵게 생각하지 말라고 말씀드리고 싶습니다. 보통 명상하면 인도의 수행자나 스님들처럼 가부좌를 틀고 앉아 있는 모습을 떠올리며 어렵게 느끼시지요. 아이들에게 명상은 너무도 쉽게 할 수 있다는 것부터 알려주세요.

Q 명상이 쉽다구요?

A 네, 아주 쉽습니다. 숨만 쉬고 있으면 된다고 이야기해주

면 됩니다. 명상의 핵심은 숨쉬기입니다. '내가 숨을 쉬는 상태'에 집중하는 것에서부터 출발하지요. 숨 쉬는 것에 집중하는 이유는 두 가지입니다. 우선 '내가 들이마시고 내쉬고 있구나'를 느끼고 집중하는 동안 자연스럽게 생각이 멈춥니다. '그냥 생각하지 않고 있어야지' 하고 마음먹어도 생각들이 잘 멈춰지지 않습니다. 늘 생각을 떠올리던 습관 때문이지요. 하지만 모든 감각을 숨 쉬는 데만 집중하면 저절로 생각이 끊어집니다.

이때 아이에게 들이마시는 숨보다 내쉬는 숨을 조금 더 천천히 그리고 길게 내뱉으라고 말해주세요. 그러면 아이는 숨 쉬는 것에 집중하면서 거의 한순간에 생각을 멈춰버리지요.

Q 숨을 쉴 때 몸은 어떻게 하고 있나요? 가부좌를 트나요?

A 아닙니다. 가부좌는 최대한 허리에 무리가 가지 않으면서 안정적으로 오래 앉아 있기 위한 방편일 뿐입니다. 겉모습에 신경 쓸 필요는 없습니다. 저는 그냥 교실 의자에 앉은 채로 하게 합니다. 단지 허리를 의자에 기대지 않고 바로 세우게 하지요. 그리고 시간도 3분 정도면 충분합니다.

Q 3분이요? 너무 짧은 거 아닌가요?

A 명상은 시간이 중요하지 않고 몰입하는 한순간을 만나게 해주어야 합니다. 그 짧은 순간을 우리는 '찰나'라고 하지요. 찰나에 비하면 3분은 영원처럼 긴 시간이나 마찬가지예요. 그리고 이 아이들이 어른이 되어서 하루에 3분 정도의 시간만 내어 명상을 해도 저는 엄청난 성공이라고 생각합니다. 대부분은 단 한순간도 멈추지 못하고 정신없이 달려가듯 살아가잖아요.

Q 짧은 명상을 통해 결국 주체적인 자아의 상태를 인지하게 된다는 거네요. 저도 오늘 저녁에 숨 쉬는 것부터 해봐야겠어요. 마지막으로 학부모님들께 하실 말씀이 있으신가요?

A 우리 아이들, 성장하면서 많은 것을 마주하게 될 겁니다. 명상은 그 어떤 것도 회피하지 않고 직시하는 시선을 유지하게 해줍니다. 또 빠르게 변화하는 시대에서 살아갈 우리 아이들이 명상을 통해 잠시 멈춰 자신의 존재감을 인식할 수 있습니다. 공부정서 역시 자신을 직시하는 과정을 통해 튼튼해집니다.

세계적인 역사학자 유발 하라리도 명상을 즐긴다고 합니다. 우리 아이에게 하루 3분의 나를 들여다보는 명상의 시간을 주세요.

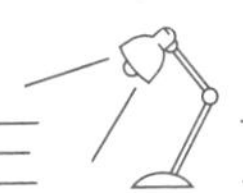

핵심 개념 정리

1. 중학교 올라가서 공부를 시작하면 된다는 생각은 틀렸다. 중학교 입학하면서부터는 이미 학습 출발선부터가 달라지기 때문이다. 벼락공부로는 이 격차를 뛰어넘을 수 없다.

2. 공부정서가 좋은 아이는 인성과 공부 둘 다 가져간다. '그래도 인성이야' 하면서 노는 데 집중하는 경우, 고학년이 되면 후회한다. 가진 아이는 둘 다 갖고 없는 아이는 둘 다 헤맨다.

3. 부모는 아이를 잘 키우고 싶은 마음이 가득하다. 그건 욕심이 아니다. 특히 아이가 공부 잘하기를 바라는 마음은 부모로서 마땅히 가져야 할 책임의식에 가깝다.

4. 코로나19가 아니었어도 이미 교육 환경에 따라 학습격차가 커졌다는 것은 공공연한 사실이었다. 코로나19는 그 사실을 확인시켜주었고 그 속도를 가속화시켰을 뿐이다.

5. 15년의 교직생활 중 공부정서가 극도로 높은 초격차 아이들을 매년 학급에서 2~3명 정도 볼 수 있었다. 그런데 초격차 아이들은 예체능에서도 뛰어난 성취를 보였다.

6. 초인지, 메타인지는 자신이 뭔가를 아는지 모르는지 정확히 파악하는 상태를 말한다. 현재 내 실력, 상태, 능력, 환경 등을 한 발 떨어져 볼 때 공부정서 키우기를 할 수 있다.

◆ 체크리스트 ◆

내 아이 공부정서 수준 알아보기

공부정서는 학습성취만을 의미하는 것이 아니다. 공부에 대한 자세와 감정을 포함하고 성취감, 자존감, 타인과의 협력(관계성) 등을 포괄한다. 과학, 예술, 문화에 대한 관심도 마찬가지다.

그간 이 모든 것을 서로 연결하고 융합된 상태를 포괄하는 교육 용어가 없었다. 이를 '공부정서'라 개념 지었다. 공부정서가 좋은 아이는 어떤 분야든 자신의 관심 영역에서 성실한 학습 누적 효과를 보였고, 결과적으로 탁월한 성취를 이뤘다.

공부정서가 좋은 아이의 행동 특성을 관찰하고 분석해 체크리스트를 구성했다. 우리 아이의 공부정서 수준을 확인할 지표가 될 수 있다. 표 내용을 읽고 우리 아이가 해당하는 칸에 표시해보자. 결과 해석은 체크리스트 다음에 자세히 소개해놓았다.

내용	매우 그렇다	그렇다	보통이다	그렇지 않다	매우 그렇지 않다
매일 40분 이상 스스로 독서한다					
평소 악기 소리에 관심을 보이는 편이다					
학교(유치원)에서 모르는 것이 있을 때 선생님에게 잘 물어보는 편이다					
스마트폰 노출이 거의 없다					
자주 재미있는 이야기를 해달라고 한다					
수업 중 딴짓을 거의 하지 않는다					
숙제를 기간 내에 스스로 한다					
다른 사람의 말을 귀담아듣는 편이다					
창의적 글짓기를 좋아한다(3학년 이상만 체크)					
과학 실험 시간을 좋아한다					
사회 · 역사 이야기를 좋아한다					
엄마와 요리하기를 좋아한다					
규칙을 지키며 스포츠 활동을 한다					
유튜브를 거의 보지 않는다					
프로젝트 활동을 좋아한다(3학년 이상만 체크)					
매년 담임선생님을 좋아하는 편이다					
난도 높은 학습 문제 풀기를 즐긴다					
모르는 어휘(단어)가 나오면 바로 물어본다					
스스로 생활 계획을 세운다					
집안일 돕는 것을 좋아한다					
선행학습을 지겨워하지 않는다					

다니고 싶은 학원이 있다고 자주 말한다					
책을 읽고 생각에 빠지는 경우가 있다					
모르는 수학 문제를 친구에게 기꺼이 물어본다					
혼자 스스로 공부 계획을 세운다					
친구들과 함께 놀 때 즐거워한다					
또래 놀이 규칙을 잘 알고 있다					
배우고 싶은 것이 있다고 자주 말한다					
친구들이 하는 이야기를 잘 듣는다					
학교 도서관 또는 지역 도서관에서 거의 매일 책을 빌려온다					
학교 방과후 수업 활동을 좋아한다					
새로운 것에 호기심이 많다					
학교 또는 학원 선생님에게 영재성이 있다는 말을 듣는 편이다					
예체능 활동에 관심이 있다					
모르던 것을 알았을 때 무척 기뻐한다					
주변 사람의 감정을 잘 읽는다					
친구들과 의견 조율을 잘한다					
혼자 1시간 이상 앉아서 문제집을 풀 수 있다					
외국어에 관심이 많다					
한번 시작한 일을 끝까지 완수하는 편이다					
점수 배점	5점	4점	3점	2점	1점
구간별 합계					
전체 총점					

결과 해석 방법

1) 구간별 점수를 더해 적고 전체 총점도 계산한다.

2) 총점을 적고 다음 표로 아이의 공부정서 수준을 확인한다.

공부정서 수준	1~2학년 총점	3~6학년 총점	백분율
최상	171~190점	180~200점	상위 3% 이내
상	152~170점	160~179점	상위 4~20% 이내
중	114~151점	120~159점	21~50% 이내
하	76~113점	80~119점	51~70% 이내
최하	38~75점	40~79점	71~100% 이내

＊이 지표는 아이가 아니라 부모의 결의를 다지기 위한 것이다.

① 공부정서 수준이 '하' 이하인 경우, 최소 1년 정도 부모가 집중 케어해줄 각오를 하는 것이 좋다. '최하'라면 지금까지의 모든 공부 방법을 버리고 새롭게 공부정서를 키우기 위한 전략을 짜야 한다.

② '중'에서 '상'으로 올리려면 최소 6개월 정도 지속적인 공부정서 집중 케어가 필요하다.

③ '상' 범위라면 이미 아이가 자기주도적인 삶을 살아가고 이를 가속화하고 있을 가능성이 높다. 부모는 적절한 심리적 분리와 공부정서 수준 상승을 위한 기회를 제공해주면 된다.

④ '최상' 중에서도 1~2학년 180점 이상, 3~6학년 190점 이상이면 공부정서가 상위 1퍼센트 안에 있다고 본다.

| 주의 | 이 지표는 절대적 기준이 아니라 참고용이다

이 체크리스트는 부모의 결의를 다지기 위한 기준이다. '최상'이라고 들뜰 필요가 없고, '최하'라고 불안해하거나 자책할 필요가 없다. 자녀의 공부정서를 높이기 위해 출발점을 파악하려는 것일 뿐이다. 모든 아이가 공부정서를 높여 탁월한 학습성취를 이룰 수 있다. 그러기 위해 부모의 결의와 다짐이 필요하다. 다짐이 허황되지 않으려면 출발점을 세워야 한다. 명심하자, 아직 출발점일 뿐 종결점이 아니다. 이제 시작이다.

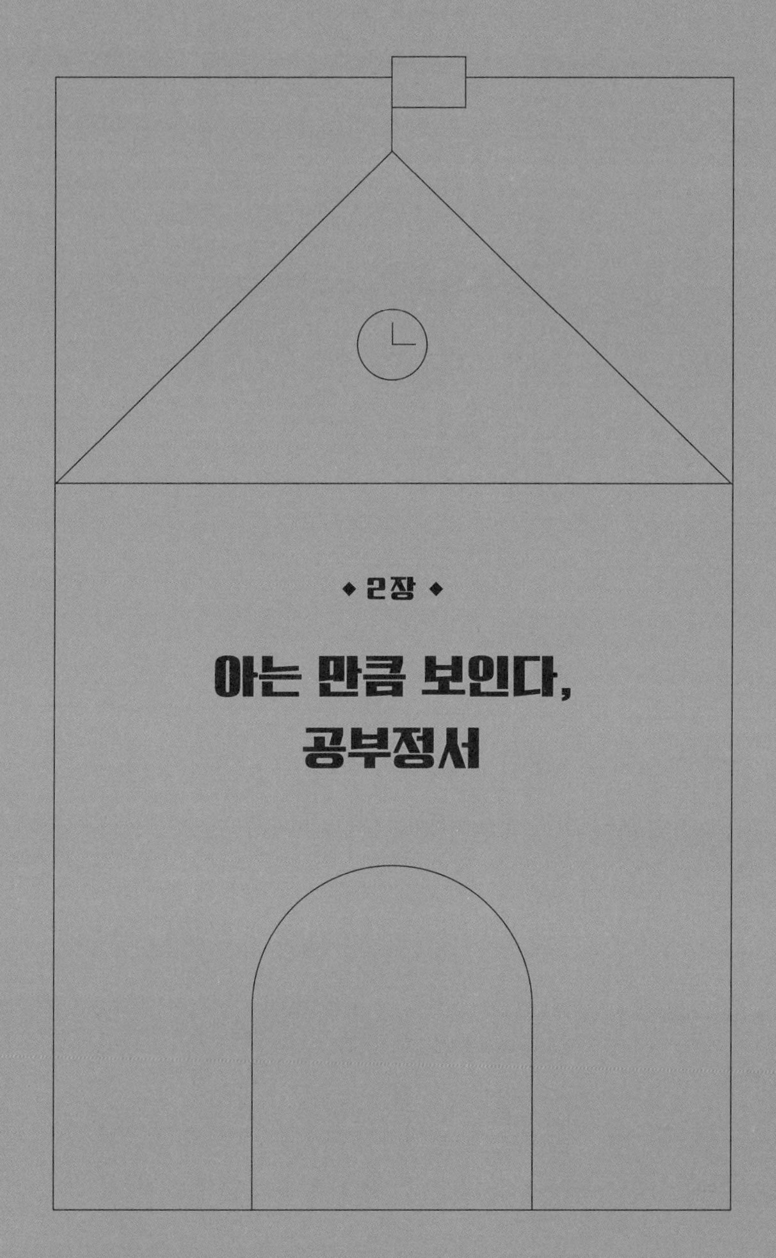

◆ 2장 ◆

아는 만큼 보인다, 공부정서

7

만 3~6세 유아기, 공부감정을 느낀다

EBS <아이의 사생활> 제작팀이 쓴 《아이의 사생활》을 읽는데, 이런 문장이 눈에 들어왔다.

> 만 3~6세… 이 시기의 아이는 처음 배운 진리를 평생 마음에 담아둔다.

무언가를 평생 마음에 담아둔다는 건 참 무서운 말이다. 그런데 그 평생 담아두는 것들 중 하나에 '공부정서'가 있다.

감정은 그때그때 느끼는 일시적인 기분을 말한다. 정서는 어떤 사건에 대한 기억을 바탕으로 여러 감정이 축적되어 만들어진다. 즉 유아기에 학습에 대해 느끼는 감정이 모여 결국 공부정서로 각인되기에 이때의 경험이 중요하다는 말이다.

아이의 뇌 발달 과정을 알아야 한다

아이는 만 2세가 되면 갑자기 단어를 말하기 시작한다. 어떤 학부모는 이 시기 우리 아이가 '천재'는 아닐까 착각한다. 엄마 아빠가 오래전에 한두 번 흘리듯 했던 말인데 아이가 그 단어를 갑자기 상황에 맞게 쓰다니, 저절로 감탄사가 나온다.

천재라서가 아니라 원래 아이는 이 시기에 언어 능력이 폭발적으로 커진다. 아이마다 편차가 있지만 500~900개의 단어를 이해하며 반응하는데 여기서 이 편차를 자세히 들여다보아야 한다. 약 400개의 차이다.

성인의 경우 단어 차이 400개는 다른 어휘로 그 공백을 메울 수 있어 인지에 큰 영향이 없다. 하지만 만 2세의 아이에게 400개의 단어 차이는 어마어마하다.

만 2세에게 단어는 인식에 중요한 수단이다. 어떤 아이에게는 세상을 바라보는 400개의 무기가 더 있는 셈이며, 어떤 아이는 세상을 인식하는 창문이 400개 부족한 상황이다.

이 400개의 차이로 표현력이 높아지면서 타인에게 칭찬받을 기회가 많아진다. 아이는 인정받는 기회가 많아질수록 공부감정이 좋아지고 자기중심성에서 빨리 벗어난다. 다른 사람의 관점이나 필요를 고려하지 않고 자기 입장에서 사고하고 행동하는 특성을 의미하는 자기중심성은 7세 이전 전조작기 단계 아동이 보이는 행동 특성이다. 자기중심성에서 벗어날수록 타인이나 주변에 더 주의를 기울이기에 결국 학교에서 수업 시간에 집중하는 아이가 된다.

만 2세 이전, 안정애착으로 차이가 생긴다

그럼 만 2세 이전에 이들에게 어떤 차이가 있었기에 단어 습득 수가 달라졌을까? 만 2세 이전에는 피부가 곧 '뇌' 역할을 하기에 심리·정서적으로 절대적이고 무조건적인 '안정애착(아이와 주양육자 사이에 친밀한 정서적 유대감을 바탕으로 안정적인 관계를 형성하는 것)'을 형성해야 한다고 심리학자들은 말한다. 무조건적인 안정애착을 만드는 가장 기본이 스킨십이다. 자주 눈을 맞추며 안아주고, 토닥여주고, 귓속말로 속삭여주면 아이 뇌의 뉴런이 급속도로 연결된다. 정서적 안정감과 더불어 피부를 통해 전달되는 감각들이 뇌를 자극하고 자극받은 뇌가 연결을 확대시켜 나가기 때문이다.

즉 어떤 아이는 500개의 어휘를 이해하는 자극을 받았고, 어떤 아이는 900개가 넘는 어휘를 이해하는 자극을 받는 것이다. 만 2세, 400개의 어휘 편차는 태어나면서부터 이루어지는 스킨십 횟수에서 생긴다.

더욱 거슬러 올라가면 태교 또한 영향을 준다고 본다. 산모가 자주 불안해하면 아이의 뇌는 민감도가 높아지고 그러면 안정감을 오래 유지하기 어려워 뇌가 발달할 수 없다.

김영훈 소아신경과 전문의는 저서 《뇌 박사가 가르치는 엄마의 두뇌 태교》에서 이렇게 썼다.

> 임신 기간과 출산 초기에 형성된 아이의 뇌 구조는 바꾸기가 힘들다. … 특히 뇌에서 제일 먼저 결정된 영역(감정 처리)은 바뀔 가능성이 거의 희박하다.

이미 많은 심리학자가 공부를 하는 데 인지 능력만 중요한 게 아니라고 말했다. 진짜 공부는 감정과 정서에서 시작한다. 그 정서는 수많은 감정의 교류에서 안정되고, 출발점은 엄마의 정서적 태교다.

지속적인 책 읽기가 공부정서를 높인다

초등교사로서 공부정서가 높은 아이의 부모와 상담을 할 때마다 "◯◯이가 언제부터 공부하는 걸 좋아하고 공부에 관심을 가졌나요?" 하고 질문을 했다. 뭔가 특별한 방법이 있었을 거라고 기대했지만 대답은 항상 "뭔가를 가르치려 한 적은 없었어요"였다. 그래도 결정적인 한마디를 덧붙였다.

"그냥 아기 때부터 틈나는 대로 동화책을 읽어줬어요."
"직장맘이라 잘 놀아주지 못하는 게 미안해서 집에 오면 늦게라도 책을 읽어줬어요."
"매일 2~3시간 정도 책을 읽어준 거 말고는 특별히 더 해준 게 없어요."

학부모들은 입을 모아 의식적으로 가르친 건 없었다고 말했다. 하지만 아이와 함께하며 지속적으로 '책 읽어주기'를 했다.

초등 이전 엄마가 책을 읽어준 것이 아이에게는 즐거운 기억으로 각인되었을 가능성이 높다. 읽어주었다기보다는 책이랑 노는 느낌으로 개별적이면서도 친밀하게 함께하는 시간을 가진 것이다. 그 아이에게는 책이 '학습'이 아닌 즐거움이 가득한 이야기 상자였다. 상자 안에 어떤 선물이 들어 있을지 기대감에 부풀어 책을 펼쳐보고 새로운 정보를 익혔을 것이다.

이쯤 되면 질문이 들어온다.

"그럼 자녀가 초등학생이 되었다면 더 이상 공부정서를 높일 수 없는 건가요?"

그렇지 않다. 단지 훨씬 더 효과적인 시간을 놓쳤다는 것만 알면 된다. 그래도 지금이 그나마 가장 좋은 공부정서 회복의 마지막 시기다. 늦을수록 더 어려워진다.

8

초등 1~3학년, 4~5학년은 접근법이 달라야 한다

초등 1학년이 2학년보다 훨씬 유리하다.

초등 2학년이 3학년보다 훨씬 더 유리하다.

당연히 초등 3학년이 그 이후보다 유리하다.

공부정서 형성에 대한 얘기다. 앞에서도 말했지만 학년이 올라갈수록 공부정서를 형성시키기가 몇 배로 어려워진다. 그렇기 때문에 공부정서에 대한 출발 시점은 무조건 '바로 지금'부터다. 그나마 지금이 우리 아이의 공부정서를 형성시키기에 가장 빠른 시기다. 더 이상 앞당길 수는 없기에 무조건 지금이 최고로 유리한 적기다.

그렇지만 나이에 따라 접근방식은 달라져야 한다. 크게 초등 입학 후 3학년까지, 4학년부터 6학년까지로 구분을 한다.

초등 1~3학년, 습관 만들기에 방점을 찍는다

이 시기 아이에게 공부정서를 심어주려면 '놀이 형식'은 힘들다. 이미 '공부'와 '놀이'를 구분할 나이라 공부도 재미있게 할 수 있다는 말 자체를 믿지 않는다. 공부 때문에 혼나고, 짜증내는 엄마의 음성을 충분히 들었기 때문이다.

이 시기 아이는 '권위에 복종'하는 단계로 공부정서는 규칙적인 루틴인 '작은 습관'을 통해 키울 수 있다. '권위에 복종'이라는 표현이 좀 억압적으로 들리겠지만, 아이에게는 그 반대다. 누군가 권위 있는 존재가 옆에서 알려주는 것에 안전감을 느낀다. 매일 일정 장소에서 일정 시간에 일정 분량의 독서, 문제 풀기, 소리 내어 영어 말하기 등을 지속하게 한다.

중요한 건 매일이다. 가끔 몰아서 하는 부모가 있다. 왠지 이렇게 공부를 놓으면 안 될 것 같아서 옆에 앉혀놓고 몇 시간씩 혼내다가, 또 지쳐서 며칠은 그냥 어떻게든 되겠지 하면서 놔두었다가를 반복하는 것은 공부정서에 정말 좋지 않다. 공부정서와는 점점 더 멀어지게 한다.

1. 저녁 먹고 난 후, 거실에서, 동화책 1권 읽기
2. 저녁 먹고 난 후, 거실에서, 수학 문제집 2쪽 풀기
3. 저녁 먹고 난 후, 거실에서, 영어 문장 5개 암송하기

몸이 알아서 기억하는 패턴 만들기를 목표로 삼아야 성취감을 얻는다. 그러면서 공부정서가 형성되기 시작한다.

4~6학년, 라포 형성이 먼저다

이때까지 공부정서를 형성하지 못한 아이는 대부분 잘못된 생활 패턴을 가지고 있을 확률이 높다. 스마트폰 게임을 하는 시간이 많거나, 책상에 앉아서 끊임없이 딴짓을 하거나, 노는 것 이외에는 무기력한 모습을 보이거나, 학습된 무기력으로 인해 자신감이 없는 소극적인 모습을 보이기도 한다.

이 아이에게는 부모와의 라포 형성이 우선이다. 자주 엄마나 아빠가 같이 자전거를 타거나 달리기를 하자. 아이를 그냥 체육관에 보내지 말고 함께 운동하면서 시간을 보내야 한다.

매일 1시간 정도가 좋지만, 상황이 어렵다면 적어도 일주일에 사흘 이상은 해야 한다.

운동을 같이하는 이유는 많은 대화를 하지 않아도 대화한 것과 같은 효과를 내기 때문이다. 아이들마다 다르지만 6개월 정도 함께 운동하면 신뢰감이 쌓이고 이제 상대방이 솔직하게 말해도 밉지 않다. 그런 단계가 된 후에야 공부에 대한 이야기를 꺼낼 수 있다.

"네가 공부를 너무 소홀히 해서 엄마가 걱정되는구나."

"네가 공부를 너무 싫어하는 것 같아 아빠가 염려된다."

이 시기 아이들은 '권위에 저항'하는 것이 특징이다. 그래서 저학년 아이들처럼 습관을 갖게 하기가 어렵다. 엄마 아빠 몰래 딴짓을 하면 그만이다. 하지만 함께 운동하며 애써 기다려주려는 엄마 아빠에게는 '저항'하지 않는다. 그들에게서 '권위'보다는 나를 '존중'해주는 느낌이 중요하다. 이 시기 아이에게는 '존중'을 통한 '자발적 선택' 과정이 필요하다.

외부의 객관적인 인정도 외재적 동기를 불어넣는다

"저는 제가 정말 똑똑한 줄 알았어요."

성민이는 상담 중 초등학교에 들어오기 전까지 자신이 세상에서 가장 똑똑한 줄 알았다고 말했다. 그러다 3학년 때 자신은 못 받고 다른 친구가 학습우수상을 받자 큰 충격을 받았다고 했다.

공부를 잘했다고 상을 받으면 아이들의 학습 관심도가 올라간다. 상장을 수여받는 자체에 많은 타인의 시선이 첨부되고 그 시선을 통해 자신의 존재감이 드러남을 감각적으로 인식하기 때문이다. 수상이라는 보상이 학생들의 외재적 동기(어떤 활동에 대한 대가로 주어지는 보상에 따른 동기)를 높여주기에 초등 시험이 중요한 것이다.

초등 시기, 시험 결과를 통한 인정은 아이에게 매우 큰 의미로 다가온다. 그래서 초등 시기를 그냥 편안하고 조용하게 보내게 하는 건 너무나도 좋은 기회를 놓치는 것과 같다. 아이에게 학습 스트레스를 주지 않겠다는 생각만으로 레벨 테스트나 경진대회 등의 기회를 주지 않는 것은 공부정서에 좋지 않을 수 있다.

적절한 긴장감, 그 긴장감을 극복하기 위한 학습 노력, 평가를 통한 긍정적인 피드백(결과물, 상장, 칭찬 등)이 공부정서를 키운다. 아이들은 노는 것도 좋아하지만 뛰어난 성취를 보이는 것도 무척 좋아하고, 그 성취감을 인정해주는 객관적인 보상을 통해 급속도로 성장하고픈 욕구를 느낀다. 이 욕구야말로 공부정서를 깨우는 원동력이 된다.

담임교사, 태권도장 사부가 내재적 동기를 심어준다

담임의 관심도 아이의 내재적 동기(관련 분야에 대한 호기심과 활동 자체의 즐거움으로 얻는 동기)에 큰 영향을 준다. <초등학생이 지각한 담임교사의 태도가 학교생활 적응과 학습 동기 및 친구 관계에 미치는 영향>(한양대 교육대학원, 김고은, 2013) 논문에 따르면 '교사가 학생의 인성과 능력에 관심이 많다고 지각할수록 내재적 동기는 높아진다'고 했다.

실제 학교 현장에서도 이런 모습은 쉽게 찾아볼 수 있다. 특정 학습 부분에 대한 '단순하지만 구체적인 칭찬 한마디'가 학생들의 눈에 띄는 성장을 가져왔다.

"철민아, 너는 수학 문제를 참 창의적으로 푸는구나."

이 한마디에 철민이는 1년 동안 수학에 깊은 관심을 보였고 이는 다른 과목들로도 퍼져갔다.

아이의 욕구와 성취 능력에 따른 학원 선생님, 태권도장 사부 등 타인의 구체적인 칭찬은 초등 이후 긍정적인 공부정서를 갖는 데 매우 중요한 역할을 한다. 공부정서가 낮은 상황에서 단순히 혼자 집에서 책 읽고 문제집 푸는 습관만 잡아주려 하면 자칫 타인에게 인정받을 기회를 차단할 수 있다.

이 책을 읽는 학부모의 자녀가 가급적 어리기를 희망해본다. 그래도 아직 초등 시기는 공부정서를 높이는 게 불가능하지는 않다는 사실에 만족하자. 지금부터 하면 된다. 아직 중학생이 아닌 것이 어디인가!

9

2, 4, 6학년 겨울방학을 놓쳐서는 안 된다

앞에서 공부정서가 높은 아이는 공부하는 것을 즐거워한다고 했지만 사실 어느 아이가 마냥 공부를 즐기겠는가. 친구와도 놀고 싶고 스마트폰도 재미있어 보이기에 공부정서가 형성된 아이에게도 학습이 힘들어지는 시기가 찾아온다.

보통 이런 시기는 2년 단위로 온다. 아이의 개별 환경과 상황에 따라 차이는 있지만 1~2학년이 지나고 3학년 즈음, 3~4학년이 지나고 5학년 즈음이다. 이는 교과 학습량과도 관련이 있다. 학교 교과서는 1-2학년, 3-4학년, 5-6학년, 이렇게 나눠

교육 과정을 구성하기에 2년 단위로 내용이 방대해지고 심화 내용이 첨부된다.

그래서 놓쳐서는 안 될 기간이 바로 2학년 겨울방학, 4학년 겨울방학, 6학년 겨울방학이다. 적어도 이 시기만큼은 우리 아이의 공부습관, 하루 공부량, 현재 학습성취 역량을 파악해 변곡점의 기회로 삼아야 한다. 이 시기를 놓치면 학습격차가 커져 따라잡기가 어렵다.

새 학년이 시작될 즈음 준비하고 계획하면 늘 늦기 마련이다. 학기 중에는 학교 공부 분량이 있어 자기주도학습에 집중할 수 없다. 겨울방학이 시작되기 한 달 전부터 계획을 세우고, 겨울방학이 시작되는 순간부터 두 달간 집중적으로 가정교육 계획을 실천해야 한다.

매일 '스스로 공부 2시간' 확보가 중요하다

자녀의 하루 학습량을 계산할 때 학원 공부 시간은 제외한다. 학원에 가서 앉아 있는 시간보다 혼자 일정 분량을 공부해야 공부근력이 형성된다. 스스로 책을 읽거나 문제집을 풀거나 학습 내용을 정리하는 시간이 실질적으로 하루 평균 어느 정도인지 파악한다.

보통 학년이 올라갈수록 자기주도학습 시간을 늘려가야 한다고 생각하지만 현실은 그렇지 않다. 1~6학년까지 학기 중 매일 하루 2시간 이상 확보하는 것이 관건이다. 저학년이어서 공부 시간이 적어도 되는 것이 아니며, 고학년이라고 해서 하지 않던 공부 시간이 갑자기 늘어나지 않는다.

차이를 둔다면 저학년일 때는 30분 단위로 나누어 하루에 4회를 하며 부모가 옆에서 도와주어야 한다는 것이다. 고학년은 1시간 단위로 나누고 공부정서가 높다면 부모가 옆에 있지 않아도 된다. 고학년인데도 공부 시간에 다른 것에 자꾸 관심을 뺏긴다면 엄마나 아빠가 옆에 있어주어야 한다.

무엇을 해야 하는지 구체적으로 알려준다

수학 문제집을 몇 쪽까지 풀어야 하는지, 영어 문장은 몇 개를 소리 내어 큰 소리로 암송해야 하는지, 독서는 어떤 책을 몇 쪽 이상 읽어야 하는지 등을 같이 계획한다. 모르거나 궁금한 사항이 있으면 언제든지 물어도 된다는 것을 알려주고 도와줄 사람이 늘 옆에 있어야 한다.

저학년 시기에 공부정서가 좋았던 아이도 2년 단위로 학습량이 많아지는 시기에 공부에 거리감이 생길 가능성이 있다.

특히 아이가 스스로 잘한다고 생각해서 공부에 소홀해질 때 그럴 수 있다.

학습은 하나의 흐름이다. 그 흐름이 갑자기 어려워진 문제나 어휘, 사전 지식의 부족 때문에 막히는 순간 자연스럽게 공부정서가 부정적인 방향으로 흐른다. 그러면서 아이 입에서 '지겹다'라는 말이 나오기 시작한다. 엄마나 아빠가 이 시기를 잘 넘기도록 '협력자'가 되어줄 때 아이의 공부근력이 부쩍 늘어난다.

공부근력은 오래 앉아 있는 것과 동의어가 아니다. 모르는 게 나왔을 때나 막히는 순간 답답함을 이겨내고 답을 찾아나가는 과정을 혼자서 실행해낼 수 있는 상태, 그 상태가 공부근력이 형성된 모습이다. 그래서 공부근력을 키우려면 이전에 누군가가 곁에 붙어서 문제를 해결하는 방법(예를 들어 사전을 찾아보거나, 검색하거나, 교과서를 넘겨보는 과정)을 알려주어야 한다.

이미 공부정서와 더불어 공부근력이 형성된 아이가 혼자 집에서 공부하고 과제를 수행한다고 해서, 우리 아이에게도 똑같은 패턴을 바로 접목하려들면 실패할 확률이 높다. 다시 한 번 말하지만 공부정서와 공부근력은 최소 6개월 이상 곁에서 집중해준 누군가(타인)가 있어야 생긴다.

그동안 맞벌이였다면, 또는 집에 있어도 아이를 학원에만 보내고 따로 신경을 쓰지 않았다면, 기억하자.

2학년, 4학년, 6학년 겨울방학이 중요하다. 이렇게 세 번의 기회에 아이의 공부정서와 공부근력이 자리잡히도록 집중적으로 도와주어야 한다. 별거 없다. 2시간 이상 아이가 스스로 할 것들을 알려주고, 옆에 있어주면 된다. 그러다 모르는 것들이 나오면 같이 머리를 맞대고 해결한다.

아이가 혼자서도 잘할 거라고 믿지 않는다. 그럴 거라면 애초에 학교가 생기지도 않았다. 공부근력에 가장 좋은 건, 일대일 코칭이다. 일대일 코칭은 헬스장에만 있는 게 아니다.

10

고학년, 영재교육으로 돌파구를 찾아라

우리 아이가 과학, 수학, 미술, 음악, 발명 등 특정 분야에 관심이 많고 관련 활동을 즐긴다면 영재교육 대상자 선발에 나서보기를 추천한다. 생각보다 다양한 영재교육 과정이 있고, 선발되면 짧게는 1년, 길게는 2년 이상 과정을 이수하는 것만으로도 관련 분야의 공부정서에 무척 큰 긍정적인 영향을 준다.

학교에서는 특정 분야에 상위 약 10퍼센트 이내의 성취를 이룰 수 있다고 판단되는 아이를 영재교육 대상자로 삼지만 이는 목표치일 뿐이다. 엄격하게 상위 10퍼센트의 아이를 선별해서 영재교육을 받게 하는 것은 아니라는 말이다. 관련 분야에 관심과 호기심이 많고, 집중할 수 있는 아이라면 얼마든지 영재교육 대상자가 될 수 있다.

영재교육 기관은 크게 세 종류로 나뉜다.

첫째, 교육지원청 영재교육원이 있다. 각 지역 시도 교육청마다 영재교육원을 운영한다. 서울교육지원청 내 동부교육청, 서부교육청, 남부교육청 등, 구역별로 영재교육을 실시한다.

둘째, 교육지원청 직속기관 및 단위학교 영재교육원이다. 직속기관은 교육지원청에서 운영하는 과학관이나 전시관 등이고 단위학교 영재교육원은 특별 목적을 가진 학교에서 직접 운영한다. 예를 들어 서울과학고, 국립국악고에서 운영하는 영재반이 있다.

셋째, 대학 부설 영재교육원으로 서울대학교 과학영재교육원, 한양대학교 소프트웨어 영재교육원 등이 있다.

집에서 가까운 곳에 지원하는 게 좋다

어디가 좋을까 고민하기보다 집에서 가까운가를 먼저 살핀다. 대부분 토요반이 운영되는데 최소 1년간 학기 중 매주 참여해야 하고 출석이 무척 중요하다. 몇 회 이상 결석하면(기준에 약간씩 차이가 있다) 수료증이 배부되지 않는다. 1년간 꾸준히 참석하려면 아무래도 집에서 가까워야 한다.

영재교육원 수료증은 성취감과 자신감을 심어주어 공부정서에 긍정적인 영향을 미친다.

보통 지역교육청 영재교육원은 따로 건물이 없고 협력학교를 통해 운영한다. 서울 강북구 A 초등학교를 그 지역 수학 영재교육을 진행하는 협력학교로 지정하는 식이다. 일반적으로 그 A 학교는 모집 정원의 20퍼센트 이내에서 해당 학교 학생을 우선 선발할 수 있다. 우리 아이가 다니는 학교가 영재교육 협력학교라면, 그 분야에서는 선발될 확률이 높아 다른 대학부설이나 직속기관 영재교육원 선발에 응하는 것보다 유리하다. 물론 입시 요강은 늘 변할 수 있으니 홈페이지를 통해 수시로 확인해야 한다.

★ 영재교육종합데이터베이스 https://ged.kedi.re.kr/

대한민국의 영재교육 정보를 종합적으로 관리하는 사이트로 검색창에 GED (Gifited Education Database)만 쳐도 홈페이지를 찾을 수 있다. 회원 가입을 하고 장소와 선발 요강을 살펴보자. 이곳의 대문에서는 "영재교육은 모두를 위한 교육입니다"라는 캐치프레이즈를 볼 수 있다.

비용이 거의 들지 않는 고급 사교육이다

대학부설의 경우 필요에 따라 재료비나 교육비가 들 수 있지만 지역교육청에서 운영하는 영재교육원은 교육비가 무료다. 심지어 영재교육에 필요한 실험, 실습 재료도 무상 지원한다. 우리 집 형편이 어려워서 영재교육원에 보내지 못할 거라는 생각은 안 해도 된다.

오히려 형편이 어려울수록, 우리 아이가 어떤 분야에 몰두하고 재능을 보인다면 영재교육원에 지원해서 다니게 하는 것이 사교육비도 줄이고 양질의 교육을 받게 할 좋은 기회가 된다. 무엇보다 사회통합대상자 우선 선발제도가 있어 입학에도 유리하다. 각 분야 선발 인원의 20퍼센트까지 정원 내에서 우선 뽑는다.

이에 해당한다면, 일반전형이 아닌 사회통합 전형으로 지원하자. 기준은 전형 요강을 통해 확인할 수 있다. 하지만 법정 기준에 해당하지 않아도 가정형편이 어렵다고 판단되는 학생은 학교장이 추천해서 서류를 첨부할 수도 있다.

지원하면 평가를 준비시킨다

GED 시스템을 통해 지원하면, 학교 추천 과정을 거쳐 각

영재교육원에서 선발평가를 한다. 대부분 담임교사 추천을 거쳐 올라가기에 학교 추천은 크게 염려할 필요가 없다. 정말이 학생은 전혀 해당하지 않는다고 판단되지 않는 이상 대부분 추천서를 작성해준다. 담임은 우리 학급 학생이 영재교육을 받고 싶다고 할 때 어떻게 해서든 잘되도록 돕는다.

당락에 영향을 주는 건 창의력 문제해결력과 평가·면접이다. 우리 아이가 영재교육원에 지원했다면, 바로 시험 준비를 하는 것이 좋다.

가장 기본은 신청한 분야의 전형 요강 살펴보기다. 어떤 분야는 면접까지 보고, 그냥 평가나 실기만 하는 경우가 있다. 각각의 상황에 맞춰 준비한다. 시험에서는 대부분 창의력을 발휘해서 풀어야 하는 문제를 내는데 관련 분야 기본 이론을 충실하게 공부하고, 어떻게 하면 다양한 방법으로 해결할 수 있는지 논리적으로 서술하는 연습을 시켜야 한다. 경우에 따라 그림이나 설계도를 그리면서 답변하도록 요구하기에 같이 연습하는 것이 좋다.

면접이 있으면, 짧게 대답하기보다는 최대한 다양한 사례와 방법을 제시하며 당당하게 말해야 하니 이것도 미리 연습을 시키자.

평범할수록 영재교육에 도전해보라

영재교육 대상자는 초등 공교육에서는 유일하게 시험을 통해 선발한다. 그만큼 공을 들인다는 의미다. 일반 학교에서 배우는 기초·기본 교육을 넘어 분야별로 다양한 체험, 실험, 실습, 이론 문제 등을 배울 수 있다.

다시 한 번 말하지만 특출난 천재들만 지원하는 곳이 아니고 국·수·사·과 등 모든 과목을 다 잘해야 갈 수 있는 곳도 아니다. 영재교육을 수료한 학생의 만족도는 무척 높고 관련 분야에 대한 성취감도 커진다.

초등 입학 전과 초등 저학년 때 공부정서를 형성하지 못했다면, 3학년 이후 영재교육원을 통해 기회를 다시 한 번 잡아볼 것을 권한다.

11

낮은 학습성취의 그림자, 학습장애를 파악해라

학습에는 기본적으로 '듣기, 말하기, 읽기, 쓰기, 셈하기' 능력이 필요하다. 이 중 하나에 문제가 생기면 학습이 어려워진다. 즉 지능은 정상이어도 특정 학습 분야에서 낮은 성취를 보일 수 있다. 이를 '학습장애'라고 하는데 일상생활을 하는 데 아무 문제가 없고 지능과 신체 모두 정상이기에 초등 저학년 때는 잘 드러나지 않는다.

학습장애는 발달장애나 신체장애처럼 눈에 바로 보이지 않으며 총체적인 어려움이라기보다는 일부분의 문제여서 고학년이 되어서야 발견되는 경우가 많다. 하지만 학습장애를 저학년 혹은 미취학 아동기에 알아채지 못하면 공부정서를 형성하는 데 어려움이 따른다.

아이들은 누구나 다 처음에 책을 잘 못 읽는다. 그래서 부모는 유치원에서 애가 책을 더듬더듬 읽어도 '나중에 차츰 나아지겠지' 하며 심각하게 생각하지 않는다. 또 학교에 입학해도 선생님이 말하는 것을 곧잘 이해하고 요즘 초등학교에 시험이 없어 1학년이지만 받아쓰기를 안 하는 경우도 많아 그럭저럭 다닌다. 그렇게 시간이 지나고 3학년쯤 되어 문제집을 푸는데 1장에 1시간 이상이 걸리는 아이가 있다. 그제야 이상하게 여긴 부모가 한 번 책을 읽어보게 하지만 글자를 더듬더듬 읽는다. 학습장애 중에 '읽기'에 어려움을 보이는 경우다.

학습장애는 초등 입학 전이나 저학년에 발견하면 치료 속도가 빠르지만, 그 이후에는 오래 걸린다. 더 무서운 경우는 장애로 인식하고 치료하기보다는 공부를 못 하는 아이로 여기고 공부 자체를 포기하는 것이다.

읽기에 어려움을 겪는 아이가 의외로 많다

교육부 통계에 따르면 초등 학급에서 적게는 2퍼센트, 많게는 8퍼센트의 아이가 읽기장애를 보인다고 한다. 학령기 아동의 최대 8퍼센트라면 결코 적지 않다. 또 여자아이보다 남자아이에게서 더 많이 나타난다. 읽기장애로 의심되는 70~80퍼센트가 남자아이다. 남자아이 학부모는 아무리 늦어도 초등 입학 시기 틈틈이 소리 내어 책 읽기를 시켜 우리 아이의 읽기 능력을 확인할 필요가 있다.

읽기장애의 대표적인 특징이 글자를 띄어쓰기 상관없이 하나씩 더듬거리며 읽는 것이다.

"나. 비. 가. 하. 늘. 을. 날. 아. 갑. 니. 다."

이렇게 그냥 글자 하나하나를 읽는다. 천천히 읽더라도 띄어쓰기가 구분되게 읽어야 한다.

"나비가. 하늘을. 날아. 갑니다."

띄어쓰기가 구분되게 읽는 아이는 읽으면서 내용을 이해한다. 하지만 한 글자씩 읽으면 다 읽어도 무슨 내용인지 전혀 모르는 상황이 된다.

또 읽기장애 아동의 경우 책을 엄청 가까이 대고 읽는다. 책을 약간 떨어뜨려 조망하듯 봐야 하는데, 한 글자 한 글자에 몰입하기에 그런 모습을 보인다. 읽어도 무슨 내용인지 모르니 재미없고, 결국 딴청을 피우거나 억지로 읽어야 하는 상황이 오면 불안해하는 모습을 보이기도 한다.

읽기장애를 예방 또는 치료하려면 초등학교 1, 2학년 때 책을 소리 내서 자주 읽게 시켜야 한다. 천천히 읽어도 되지만, 글자 하나씩 읽지 않고 단어별로 묶어서 읽도록 먼저 시범을 보인다.

처음부터 "가갸거겨…" 이렇게 하나씩 가르치기보다 받침 없는 '사과' '나비' '토끼' '바다' 같은 단어부터 시작해 통단어로 인식하게 한다. 예를 들어 '우유'라는 단어 카드를 가지고 이렇게 가르친다.

"이건 우리 영수가 매일 아침 마시는 '우유'라는 글자야. 이게 우유의 우… 그리고 이건 우유의 유…."

그래야 글자를 읽을 때 '우유'를 통으로 인식한다.

셈하기장애가 있다는 사실을 모르는 부모가 많다

셈하기장애 또는 산술장애는 초등학생 100명 중 1명 정도 비율로 나타난다. 이 역시 전체 초등학생 인원을 볼 때 결코 적지 않다. 읽기장애보다 더 드러나지 않기 때문에 발견하기가 훨씬 어렵다. 그냥 '우리 아이가 수학을 아주 싫어하나 보다'라고 생각하는 경우가 많다.

셈하기장애의 특징은 처음 숫자를 배울 때 자주 헷갈린다는 것이다. 6이나 9를 바꿔 적고 6을 9라고 생각하고 계산하기도 한다. 또 3이나 5를 반대 방향으로 적는다. 학년이 올라갈수록 셈하기 숫자가 커지는데 두 자리나 세 자리 덧셈뺄셈을 할 때 자릿수를 잘 못 맞춘다. 일의 자리는 일의 자리끼리, 십의 자리는 십의 자리끼리 더하거나 빼야 하지만 그냥 가까이 적은 글자끼리 더하거나 빼버린다.

세밀한 부분도 놓친다. 예를 들면 소수점을 찍어야 하는데 찍지 않고 그냥 답을 적는다. 더 문제가 되는 건 이 장애를 겪는 아이는 논리적인 모순을 발견하는 사고를 잘 못 한다는 점이다. 1 더하기 2는 3인데 1과 2를 붙여놓았으니까 12라고 말해도 그런가 보다 한다.

수학의 경우 적어도 1학년 과정(수학 셈하기)은 찬찬히 옆에서 지켜봐주어야 한다. 특히 처음 수학을 시작할 때, 숫자와 실제 개수를 꼭 연계시켜준다.

"이게 숫자 3이야. 3개라는 뜻이지."

이렇게 하지 말고 귤 3개를 놓고 숫자 3과 연결한다. 적어도 귤 3개를 그린 후 그것을 묶어서 숫자 3이라고 적는다. 충분히 이해하면 그 설명에 부합한 연산 문제를 풀게 한다. 적어도 해당 학년, 해당 학기에서 배우는 수 세기와 사칙연산은 1학년부터 신경 써서 숙달되도록 해주는 게 산술장애 예방과 개선에 도움이 된다.

쓰기장애는 다른 학습장애의 결과물인 경우가 많다

쓰기는 듣기, 말하기, 읽기의 과정이 다 교육된 후에야 그 결과로 도출된다. 그래서 쓰기장애는 앞에 설명한 장애(읽기, 산술)를 겪는 아이에게 귀속되는 장애다. 또 전체적으로 듣기, 말하기, 읽기에 숙달되지 않아도 겪을 수 있다. 쓰기장애 아이는 실력보다 수행평가 점수가 낮게 나오는 경우가 많다. 특히 학년이 올라갈수록 서술형 수행평가 비중이 높아지는데 그때마다 뭘 어떻게 써야 할지 몰라 힘들어한다.

쓰기장애의 경우 글 쓰는 속도가 느리다. 글자를 적는다는 걸 고통스럽게 느끼기 때문에, 연필을 필요 이상으로 꽉 잡는 모습을 보인다. 너무 힘을 주고 적어서 연필심도 자주 부러뜨린다. 책을 보고 문장을 적는데도 띄어쓰기를 맞추지 못한다. 또 많은 경우 소리 나는 대로 적는다. 읽기장애 아이가 책을 가까이 대고 읽듯이, 쓰기장애 아이도 공책에 얼굴을 대고 글자를 적는다. 고학년이 되어도 글 자체에 일관성이 없고 악필로 보이는 경우가 많다.

글씨쓰기를 어려워하면 쓰기 공책에 천천히 하나씩 연습시킨다. 초등 입학 전 손가락 근육과 관련된 활동을 많이 하는 것도 좋다. 글쓰기(글짓기)를 어려워하면 평소 들은 바를 말하게 하고, 말한 바를 요약해서 적는 연습을 시킨다. 또 생각이나 감정을 글로 적게 하는 것이 좋다. 그런 면에서 일기 쓰기는 큰 도움이 된다.

학습장애는 여러 요인으로 나타난다. 심한 경우 약물치료를 받아야 하기도 한다. 그러나 1학년부터 옆에서 찬찬히 듣기, 말하기, 읽기, 쓰기, 셈하기를 연습하게 하고, 그중 어려워하는 것을 친절하게 설명하면서 더 집중해서 연습시키면, 대부분 학습장애를 넘어선다. 가장 안타까운 일은 '1~2학년 때는 그냥 놀리다가 나중에 공부시키면 되지'라고 생각하다가 그 이후에 학습장애가 발견되는 경우다.

학습의 기본이 되는 듣기, 말하기, 읽기, 쓰기, 셈하기는 초등 1학년부터 신경 써주는 것이 학습장애 예방과 발견, 치료에 큰 도움이 된다.

12

IQ보다 중요한 게 자기조절력이다

보통 '공부' 하면, 인지적인 측면을 떠올리고 인지력이 높은 아이가 공부도 잘한다고 생각하는 학부모가 많다.

맞다, 인지적인 측면은 중요하다. 아이큐가 100인 아이와 150 이상의 아이는 이해력이나 습득력에서 큰 차이를 보인다. 그런데 아이큐 100인 아이도 시간이 좀 걸릴 뿐 관련 내용을 찬찬히 알려주면 150 이상 되는 아이가 습득한 지식을 이해할 수 있다. 아이큐 100의 평범한 아이라도 공부정서가 좋으면 결국 150 이상의 아이보다 더 높은 학습성취를 보일 수 있다. 시간만 좀 더 주면 된다.

학습격차를 줄이는 건 자기조절력이다

우리 아이는 좋아하는 것에는 몰입을 매우 잘하는데 그래서 그런지 오히려 공부는 좀 어려워한다고 말하는 학부모가 있다. 그런데 좋아하는 것에 몰입을 못 하는 아이는 거의 없다. 좋아하면 몰입도가 높을 수밖에 없다.

'좋아하는 것'을 '자신의 욕구'로 바꿀 수 있는데, 즉 자신의 욕구를 좇느냐 아니면 조절하느냐가 중요하다. 학습 상황에서 자신의 욕구는 놔두고 교과서에 집중하는 조절력, 이 작은 차이가 40분 수업 내내 영향을 준다. 공부정서가 높은 아이는 그런 조절력을 발휘할 수 있다.

내가 근무하는 학교에서는 코로나19로 온라인 쌍방향 수업을 진행했다. 온라인 수업의 효과가 많이 떨어질 거라고 예상했지만, 실제 수업 상황에서는 오히려 내용에 따라 효과가 클 때도 많았다. 공부정서가 좋은 아이는 온라인 수업과 대면 수업을 가리지 않았다. 온라인 수업 때 아이는 담임교사가 화면에만 있기에 대부분 편하게 행동했다. 즉 아이의 무의식적인 심리·정서 상황이 교실에서보다 더 많이 노출되었다. 그때 공부정서가 높은 아이는 딴짓하기, 게임하기 등의 유혹 욕구를 잘 조절하는 모습을 확연히 볼 수 있었다. 반면 공부정서가 낮은 아이는 심지어 책상 서랍에 있는 책도 꺼내기 싫어서 이렇게 말하기도 했다.

"선생님, 지금 책이 없어요."

서랍 속에 책이 있음에도, 그 사실을 아는데도 그냥 그렇게 말한다. 책상 위에 다른 재미있는 것들을 가득 올려놓은 채. 치우라고 몇 번을 말하고서야 억지로 아주 천천히 치우고 교과서를 꺼내놓지만 이미 아이의 마음은 공부와는 아주 먼 곳에 있다. 공부정서가 좋지 않은 아이는 자기 욕구를 충족시키는 일들에만 몰두하는 모습을 보일 뿐이다.

유명 대학에 진학한 아이는 두 부류로 나뉜다

한 부류는 초등학교 때부터 입시 위주 선행을 한 경우, 다른 한 부류는 공부정서가 높아 지속적인 자기주도학습을 해온 아이다. 그런데 나중에 학교를 찾아오거나 SNS를 통해 소식을 접해보면 공부정서가 좋았던 아이의 표정이 참 편안하다. 물론 그 아이도 입시 과정이 힘들었다고는 말하지만, 표정에 여유가 있다. 청소년기에 단지 입시만을 목표로 했던 게 아니라 늘 배움에 기대감을 가졌기에 대학 입학 이후에도, 아니 평생 동안 공부를 지속했다.

공부정서가 높은 아이는 대부분 초등 이전에 가랑비에 옷 젖듯 공부와 친구가 되었다. 공부랑 친하게 지내라고 열심히 압박하지 말고, 공부랑 천천히 오래 가는 분위기를 만들어주어야 한다. 그래야 아이가 공부라는 친구와 발맞춰 나아갈 수 있다. 잠깐 반짝 열정적으로 하거나, 억지로 끌려가면서 하지 않고, 옆 친구처럼 말없이 동행한다.

13

열등감은 학습을 외면하게 만든다

일상생활에서 외모든 거주환경이든, 어떤 능력에서든 열등감을 갖는 것은 공부정서에 부정적인 영향을 준다. 다른 친구에 비해 달리기를 못 한다고 생각하고 이를 부끄러워할 경우, 학습과 관련해서도 좋지 못한 성취를 이룰 것이라 여길 가능성이 높다는 것이다.

여러 열등감이 모여 무력감을 만들고, 무력감은 학습되어 '나는 공부를 해도 잘 안 될 거야'라는 비합리적 신념을 만든다.

그런데 우리 사회에서 갈수록 열등감에 깊이 빠져드는 아이를 쉽게 볼 수 있다. 나이도 점점 더 어려진다. 이는 열등감에 대한 부모의 잘못된 인식에서 오는 경우가 많다.

보통 부모는 아이가 열등감을 갖지 않도록 뭔가를 더 해주려고 한다. 우리 아이가 기죽는 상황이 오면 열등감을 느낄 거라 여기기 때문이다. 열등감은 자신이 타인에 비해 뭔가 좀 부족하거나, 능력이 떨어진다거나, 뒤처지면서 느끼는 감정이라고 생각하기 쉽지만 그렇지 않다.

정신분석에서는 열등감을 그렇게 단순하게 보지 않는다. 열등감은 영어로 complex인데 콤플렉스의 원래 뜻은 '복잡하다'이다. 뭔가 복잡한 감정이 뒤엉켜 있고, 응어리처럼 끈적끈적하게 달라붙어 있는 것 같은 상황이 오래 지속되는 상태가 콤플렉스다. 즉 뭔가 부족해서가 아니라 부족하다고 느끼는 감정에 대해 어른들이 회피반응을 보여 상황이 복잡해지면서 열등감이 시작된다.

영수가 친구 생일잔치에 초대받아 다녀와서 엄마에게 말한다.

"우리도 그런 집으로 이사 갔으면 좋겠어. 친구네 집은 방이 넓고 텔레비전도 엄청 크더라."

괜찮다. 아이가 그렇게 말할 수 있다. 그런 감정이 들 수도 있다. 거기까지는 단순한 감정이다. 아직 복잡하지 않다. 좋은 집을 보고 그 집에 살고 싶다는 건 누구나 가질 수 있는 욕구다. 그런데 그 순간 부모가 어떻게 대응하느냐에 따라 단순한 감정으로 지나갈지 아니면 콤플렉스라고 하는 복잡한 심정이 될지가 결정된다.

엄마도 아빠도 아이의 감정을 단순하게 느끼고 대답해주면 된다.

"그러게, 우리도 그런 집에서 살면 방도 넓고 좋겠다."

이렇게 아이의 감정이 자연스러운 것임을 인정한다. 그런데 이때 회피반응을 보이면 아이 마음이 복잡해진다.

"그런 큰 집에 가면 청소하기도 힘들고 관리비만 많이 나와. 우리 집도 그렇게 안 좋은 집은 아니야. 그리고 텔레비전 큰 거는 낭비야."

아이는 '내 감정은 부러움이었는데 그것이 잘못된 생각이었고 쓸데없는 낭비였다니'라고 인식하고 자신의 감정을 수치스럽게 여기며 감춘다. 그 순간, 열등감이 싹튼다.

열등감은 부모의 시선이 다른 곳을 향할 때 증폭된다

열등감은 환경적으로 좋은 집에 산다고 해서 안 생기지 않는다. 또 열악한 집에 산다고 생기는 것도 아니다. 자녀 입장에서 이해되지 않는 또는 받아들이기 어렵거나 인정하기 싫은 복잡한 상황이 만들어질 때 생긴다.

평소 잘 놀아주던 아빠가 갑자기 캠핑장에서 옆에 주차된 큰 차를 보고 캠핑하는 내내 틈틈이 중고차 시세를 알아보는 모습을 보았을 때, 아이는 복잡한 마음이 든다. 뭔가 아빠에게 더 신나게 놀아달라고 부탁하기가 어려울 것 같고, 다음에는 우리 집 차를 타고 캠핑 가자고 조르면 안 될 것 같은 그런 미묘한 생각이 든다. 이게 열등감이다.

반대의 경우도 마찬가지다. 캠핑장에 갔는데 우리 집 텐트가 가장 최신이고 엄청 크고 다양한 기능을 가졌다. 그런데 아빠가 득의양양해하며 장비에만 관심을 준다. 나는 그저 혼자 심심할 뿐이다. 바로 옆 낡고 조그만 텐트에서는 이름도 모르는 다른 또래 아이가 행복하게 웃으며 아빠랑 무언가 신나는 모험을 즐긴다. 그때, 아이의 마음에 복잡한 심정이 파고든다. 그 복잡한 심정에서 열등감이 고개를 들기 시작한다.

영수는 키즈폰을 들고 다닌다. 그런데 학교에 갔더니 친구가 스마트폰을 들고 왔다. 그걸 보는 순간 영수도 갖고 싶다는 생각이 든다. 소유 욕구가 올라온다. 역시 여기까지는 자연스러운 수순이다. 그걸 열등감이라고 하지는 않는다. 단지 부러운 감정일 뿐이다. 그런데 복잡한 마음이 덧붙여지기 시작한다. 우리 엄마는 저런 스마트폰을 사주지 않는 답답한 엄마라는 생각이 떠오른다. 우리 집은 저 친구네 집보다 돈을 못 버는 건 아닌가 하는 생각도 든다. 자기도 모르게 키즈폰을 슬쩍 감추고 학교에 들고 가지 않으려 한다. 차라리 아예 폰이 없다고 하는 게 덜 창피하다고 여긴다.

이렇게 열등감은 뭔가 부족했다고 느꼈을 때 그와 관련된 것들을 복잡하게 생각하고, 결국 그 복잡한 것들을 해결할 수 없으니 감추는 것으로 결론 내는 회피의 과정에서 절정을 이룬다. 이럴 때는 엄마의 생각을 명확하게 말해주어야 한다. 그래야 아이의 생각이 복잡해지기 전에 끊어진다.

"최신 스마트폰이 더 좋으니 갖고 싶은 맘 엄마도 충분히 이해해(공감). 하지만 엄마는 초등학생 때는 폰으로 문자와 연락만 할 수 있으면 된다고 생각해. 그 이상의 기능은 스마트폰 중독 때문에 좋지 않거든. 중학교에 올라가면 사줄 생각이야."

이렇게 명확한 이유를 설명하면 아이는 납득을 한다. 물론 갖고 싶다는 욕망 자체는 남아 있어 짜증을 낼 수는 있지만 열등감이 생기지는 않는다.

열등감에서 성취감으로 전환시키기

사실 열등감이 큰 아이와 성취동기가 높은 아이의 출발점은 똑같다. 바로 내가 부족하다거나 가지지 못한 것들이 있다고 느끼는 순간이다. 그것을 인지하고 감정을 표현했을 때, 주변 반응에 따라 열등감이 되기도 하고 더 높은 성취를 이루기 위한 동기부여가 되기도 한다.

그래서 부러움은 기회다. 부러움을 표현했을 때, 그 부러운 감정을 공감받는 경험을 한 아이는 이를 계기로 목표를 이루고자 하는 꿈이 생긴다. 반대로 그 감정에 회피반응을 경험한 아이는 자신의 감정을 드러내지 않은 채 복잡함 속으로 숨어들어간다. 더 큰 공허함 속에서 열등감만 키운다.

공부정서가 좋은 아이는 공부에 우월감을 느끼지 않는다. 단지 일상에서 열등감이 거의 없을 뿐이다.

공부정서
톡톡
2

1, 2학년 방학 전 학습 점검

Q 방학 전이라면 여름방학, 겨울방학 직전을 말하는 건가요?

A 예, 둘 다 포함인데요. 특히 겨울방학 직전의 학습 점검이 필수입니다. 대부분 학습격차가 겨울방학에 발생하기 때문인데요. 특히 1, 2학년이라면 이 시기를 어떻게 보낼지 결정하기 위해 방학 전 학습 점검을 꼭 하시기를 권합니다.

Q 보통 겨울방학 때 학원을 많이 보내잖아요. 방학 동안 학원에 보내 보충하면 되지 않나요?

A 학원을 보낼지 집에서 공부시킬지는 나중 문제입니다. 그

보다는 우리 아이에게 무엇을 가르치는 것이 가장 필요한가 고민해보셔야 합니다. 지금이 학년 말(겨울방학 직전)이라 가정하고 1~2학년 아이들에게 필요한 최소한의 학습성취를 말씀드리겠습니다.
참고하셔서, 1~2월 두 달 동안 무엇에 집중할지 고민해보세요. 학원은 그에 따라 취사선택하면 됩니다.

Q 그럼 1학년부터 말해주세요.

A 예, 학년 말 1학년 학생은 1에서 100까지 능숙하게 읽고 크기를 비교해야 합니다. 합이 100을 넘지 않는 범위에서 두 자릿수 덧셈을 능숙하게 해야 하고요. 즉 22+12를 세로식으로 푸는 데 어려움이 없어야 하죠. 또 한 자릿수 덧셈은 3+2+4, 이렇게 3개가 연속된 1의 자리 숫자의 덧셈을 하는 데 어려움이 없어야 합니다.
1학년은 덧셈보다 뺄셈을 어려워하는데요. 뺄셈의 경우도 7-4-2, 이렇게 3개의 숫자를 능숙하게 빼야 합니다. 최소한 두 자리 숫자에서 한 자리 숫자를 빼는 18-9 정도의 계산은 어렵지 않게 해야 합니다.

Q 일단 자녀에게 풀 수 있는지 확인해봐야겠어요.

A 교과서 수준의 문제를 20개 정도 뽑아서 확인하세요. 그런데 문제를 풀어도 시간이 오래 걸리면 능숙해지도록 연습이 더 필요합니다. 앞서 말씀드린 수 세기나 덧셈뺄셈을 25분 안에 능숙하게 하면, 방학 동안 2학년 수학을 배우도록 해주세요. 5개 이상 틀리거나 시간이 25분 이상 걸리면, 1학년 수학 과정에 집중하셔야 합니다.

Q 1학년 국어 수준은 어느 정도가 되어야 하나요?

A 국어는 쓰기가 최종 단계이기 때문에, 아이의 글쓰기 상태를 보면 파악할 수 있습니다. 1학년의 경우 동화 속 인물에게 하고 싶은 말을 약간 긴 한두 문장으로 또박또박 적으면 됩니다. 원숭이가 등장하는 동화책을 읽고, 그 원숭이에게 하고 싶은 말을 적어보라고 합니다. 아이가 동화 속 줄거리와 어울리는 말을 적는다면, 1학년 수준의 글쓰기 실력을 갖추었다고 보면 됩니다.

"원숭이야, 호랑이를 만나서 무척 무서웠겠구나. 그래도 네가 살아서 다행이야."

이 정도의 문장을 생각해내고, 혼자 쓸 수 있어야 합니다.

Q 그 몇 줄을 적지 못하면 어떻게 하죠?

A 아이 수준에 맞는 쉬운 동화책을 많이 읽어주고, 책 내용을 가지고 대화하셔야 합니다. 말로는 잘 표현하는 데 쓰지 못한다면, 글씨쓰기 연습도 시켜야 하고요. 내용 이해와 말하기는 잘해도 글씨를 못 쓰는 아이도 1학년 중에 꽤 많습니다. 그런 아이라면 방학 중에 매일 글씨 연습을 시키세요.

Q 이제 2학년 이야기를 해볼까요?

A 예, 2학년 수학부터는 범위가 꽤 넓어집니다. 곱셈과 길이 단위, 표와 그래프가 나오죠. 일단 네 자릿수(천 단위)는 거침없이 읽어야 합니다. 값이 100이 넘는 두 자릿수 덧셈도 능숙하게 해야 합니다. 72+43 같은 걸 계산할 수 있어야 하죠.
네 자리 숫자는 뛰어세기를 할 수 있어야 합니다. 예를 들면 100씩 뛰어세기를 하는 겁니다. 3400, 3500, 3600, …, 이건 좀 쉬운 뛰어세기이고요. 5430, 5440, 5450, …, 이렇게 네 자리 숫자를 10의 단위에서 뛰어세기를 말로 거침없이 해야 하죠.

Q 2학년 곱셈은요? 일단 구구단을 외우면 되는 건가요?

A 구구단은 기본이고 더 중요하게 덧셈식을 곱셈식으로 바

꿀 수 있어야 합니다. 이전에는 18개의 사과 그림을 보고 하나씩 세거나 6개씩 묶어 세 번 더했다면 이제는 6 곱하기 3, 또는 3 곱하기 6의 식을 만들어 값을 구해야 하죠. 즉 곱셈의 원리 이해까지가 2학년에서 요구하는 수준입니다.

Q 표와 그래프도 나온다고 했잖아요. 2학년 아이가 이해해야 하는 표와 그래프는 어느 수준인가요?

A 일의 자리 숫자로 정리된 자료를 표로 만들고 그것을 막대그래프 형식으로 바꿀 수 있어야 합니다. 예를 들면 우리 반 친구들이 좋아하는 채소를 조사했더니 호박 5명, 당근 4명, 오이 1명, 시금치 7명, 양배추 3명이라면 이것을 표로 만들어야 하죠. 다음에는 그래프로 바꿉니다. 가로줄 세로줄을 긋고, 가로줄에는 채소 이름을, 세로줄에는 인원수를 1명부터 10명 정도까지 적어요. 그다음 가로줄 호박은 5명까지 막대를 그리고, 당근은 4명까지 막대를 그려 그래프를 완성하는 겁니다.

Q 2학년이라고 마냥 덧셈뺄셈만 좀 하면 된다고 생각해서는 안 되겠네요.

A 예, 제가 지금까지 말씀드린 내용은 선행 과정이 아닙니다

다. 현재 교과 성취 기준입니다. 가정에서 2학년 아이에게 이런 문제들을 내주시고, 우리 아이가 어떻게 푸는지 살펴보세요. 그래야 부족한 부분을 찾아서 방학 동안 보충하고, 또 다음 단계의 교육을 해도 되는지 아닌지를 판단할 수 있습니다.

Q 2학년 국어는 어느 정도 실력을 갖추어야 하나요?

A 이것도 쓰기 과정을 기준으로 말씀드리면 최소 약 4~5개의 문장 정도를 구사해 친구 소개글을 쓸 수 있어야 합니다.

> "내 친구 영철이는 남자아이고 같은 유치원을 다녔습니다(1문장). 영철이는 안경을 쓰고 머리카락이 짧습니다(2문장). 햄스터를 좋아해서 두 마리를 키웁니다(3문장). 달리기를 잘해서 나중에 축구 선수가 되는 것이 꿈입니다(4문장)."

이렇게 내용을 연결해 글쓰기를 할 수 있으면 됩니다.

Q 초등 저학년 학부모님께 마지막으로 하실 말씀 있으신가요?

A 1, 2학년이라면 시간 개념이 생겨야 합니다. 10분, 20분, 30분 시간이 어느 정도인지 아이가 감각적으로 알아야 하죠.

물론 시계를 읽는 건 기본으로 해야 합니다. 시간 개념이 잡혀야 스스로 학습 계획을 세울 수 있습니다. 앞서 말씀드린 내용들에 우리 아이가 못 미치는 상황이라도 불안해하실 필요는 없습니다. 겨울방학 두 달 동안 신경 써주시면 대부분 아이가 충분히 채워나가고 다음 학년 준비도 할 수 있습니다. 1, 2학년 방학은 아이의 성취감과 공부정서를 키우는 데 무척 중요한 시기입니다. 방학 동안 구체적인 목표를 정하고 성실하게 실천해나가기를 권합니다.

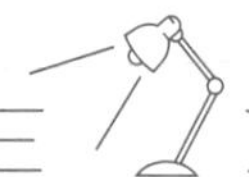

핵심 개념 정리

1. 어떤 아이는 500개의 어휘를 이해하는 자극을 받고, 어떤 아이는 900개가 넘는 자극을 받는다. 만 2세, 400개의 어휘 편차는 400개의 세상을 이해하는 무기가 된다.

2. 중요한 건 매일이다. 가끔 몰아서 하는 부모가 있다. 왠지 조바심 나 옆에 앉혀놓고 몇 시간씩 혼내다가, 또 지쳐서 며칠은 어떻게든 되겠지 놔두기의 반복은 공부정서에 좋지 않다.

3. 놓쳐서는 안 될 기간이 바로 2학년, 4학년, 6학년 겨울방학이다. 적어도 이 시기만큼은 우리 아이의 공부습관, 공부량, 현재 학습성취를 파악해 변곡점으로 삼아야 한다.

4. 학습장애는 초등 저학년 전에 발견하면 치료 속도가 빠르지만 그 이후에는 오래 걸린다. 더 무서운 건 장애로 인식해 치료하기보다 공부 못 하는 아이로 여겨 공부를 포기하는 것이다.

5. 공부랑 친하게 지내라고 열심히 압박하지 말고, 공부랑 천천히 오래 가는 분위기를 만들어주어야 한다. 그래야 아이가 공부라는 친구와 발맞춰 나아갈 수 있다.

6. 부러움은 기회다. 부러움을 표현했을 때 공감받은 아이는 목표를 이루고자 하는 꿈을 갖는다. 반대로 회피반응을 경험한 아이는 자신의 감정을 드러내지 않은 채 복잡함 속으로 숨는다.

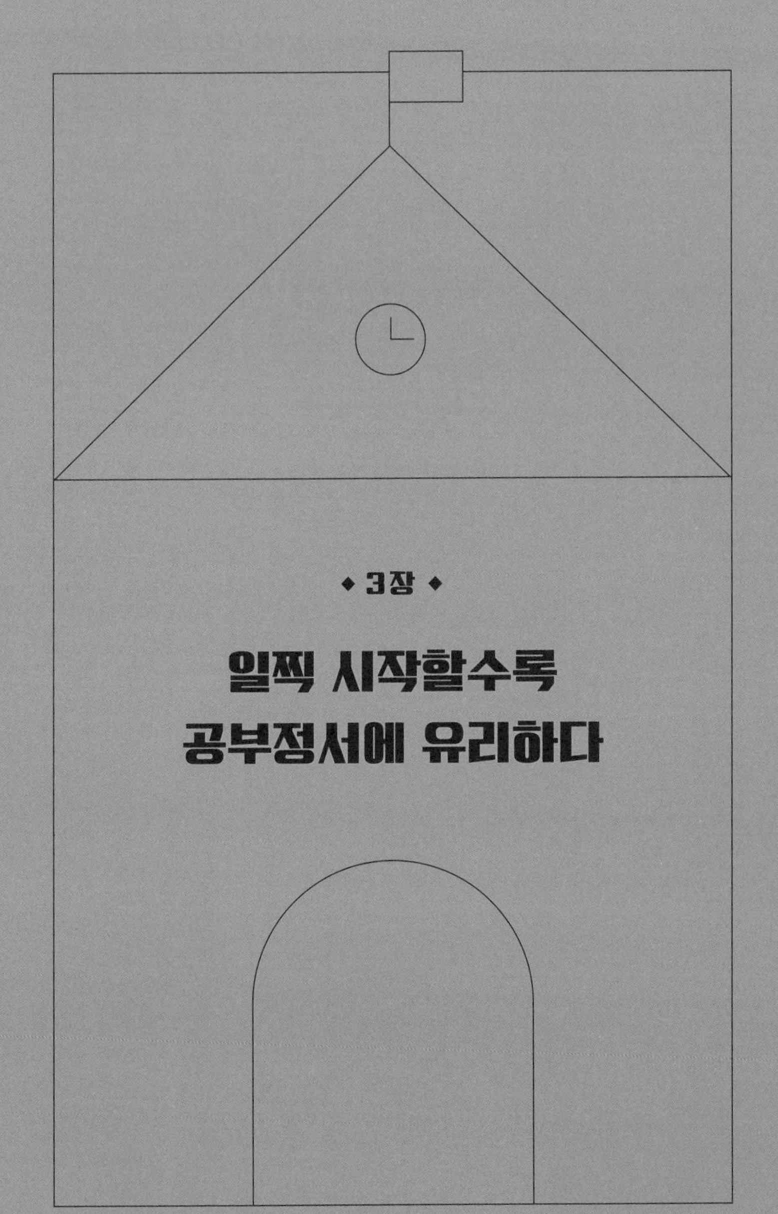

◆ 3장 ◆

일찍 시작할수록 공부정서에 유리하다

14

예체능은 유아기부터 하면서 학습은 뭐라 한다

초등학교 입학식 후 '신입생 학부모 교육'을 한다. 몇 년 전 그 자리에서 교장 선생님이 간단한 입학 축하와 함께, 아직 1학년이니 너무 공부를 많이 시키지 말라는 말씀을 하셨다. 아이에게 스트레스를 주지 말라는 의미였다.

교장 선생님이 자리를 뜨자 학부모 교육 진행을 맡은 나는 바로 강한 어조로 말씀드렸다.

"여러분은 사립초등학교에 자녀를 맡기셨습니다. 설마 놀게 하려고 여기에 입학시키신 건 아닐 겁니다. 노는 것과 공부하는 시기를 구분하시면 안 됩니다. 지금까지 아이를 놀리셨다면, 오늘부터 공부도 시작하셔야 합니다. 자녀를 그냥 적당히 놀리면서 공부시키겠다는 생각은 버리시기를 바랍니다. 지금 시작하지 않으면 6년 내내 놀게 됩니다. 지금까지 놀다 왔으면 충분합니다. 그사이 3~4년의 학습격차가 발생했습니다."

하루는 24시간이다. 8시간 자고 8시간 놀아도 8시간이 남는다. 그 8시간을 어떻게 보내는지에 따라 자녀의 공부정서가 결정된다.

놀아도 제대로 놀았다면 그 과정에서 공부정서가 생긴다. 엄마 아빠와 함께 캠핑을 가고, 박물관에 가고, 체험학습을 하고, 지하철을 타고, 버스를 타고, 수영을 하고, 리코더를 연주하고, 동화책을 읽는 등이 제대로 노는 것이다. 아이를 그냥 혼자 놀리는 것은 아무것도 하지 않은 것과 똑같다. 그 아이들 대부분은 많은 시간을 전자기기를 가지고 애니메이션을 보거나 게임을 했을 것이다.

공부를 시키는 시기는 따로 있지 않다. 지금이 가장 적기다. 늦출수록 배움에 대해 '뇌'는 부정적인 결론을 내린다.

스마트폰 영상은 편한 것, 책 읽기는 불편한 것

우리 아이 뇌에 이렇게 각인되지 않게 하려면, 지금부터 바로 공부를 시작해야 한다.

예체능은 초등 입학 전에 이미 상당 시간을 연습한다

"수연이 바이올린 몇 살부터 시작한 거죠?"

"다섯 살부터 했어요. 다른 애들에 비해 좀 늦었죠. 세 살부터 한 애들도 많아요."

바이올린을 전공하고 싶어 하는 수연이 어머님과 상담했다. 수연이는 초등학교 입학 몇 년 전부터 이미 하루 5시간 이상 연습했다고 했다. 힘들어하는 때도 있었지만, 대부분 본인이 더 연습하기를 원했다. 초등학교 입학 후 다양한 학습도 병행해야 해서 연습 시간이 줄었지만 그래도 매일 3시간 정도는 꾸준히 연습한다고 했다.

예체능에서 뛰어난 성취를 보이는 이들의 어린 시절 얘기를 들어보면 초등학교 입학 이전에 이미 상당 시간을 연습에 투자했다. '일만 시간의 법칙'을 따르듯, 묵묵히 높은 강도로 연습이나 훈련을 한다. 그리고 20대 초반에 전국 또는 세계적 수준에 이른다.

사립초등학교에서 근무하면서, 일찍부터 자신의 미래를 준비해가는 아이를 많이 볼 수 있었다. 학교에서는 그저 천진난만하고 공부도 열심히 하는, 친구들과 놀기 좋아하는 똑같은 아이다. 그런데 그들은 이미 오래전부터 상당한 연습 시간, 공부 시간, 훈련 시간을 버텨온 베테랑 실력자였다. 공부정서가 좋은 아이 역시 대부분 초등 이전부터 상당한 시간을 배우고 익히는 데 할애했다. 특히 그들의 독서력은 남달랐다.

우리 학교는 아침마다 10분 아침 독서 시간을 갖는다. 짧은 시간이지만 공부정서가 좋은 아이는 종이 울리기 전에 이미 읽을 책이 준비되어 있다. 공부정서가 좋지 않은 아이는 어떻게든 그 10분을 그냥 보내려고 애쓴다. 책을 고르느라 5분이 지나가고, 독서 시간이 끝나기 1분 전에 미리 책을 덮어버린다.

그 작은 차이로 6년의 학교생활이 어떠할지 충분히 예상되고도 남는다.

뛰어난 학습성취를 얻기 위해서는 초등 이전부터 책과 친해지는 시간이 필요하다. 예체능을 전공하려는 아이가 하루 3~4시간 이상씩 초등 이전에 바이올린, 첼로, 스케이트 등을 연습하듯, 학습 역시 그 정도 시간을 관련 분야의 책 읽기에 투자해야 한다.

어떤 아이는 초등 입학 이전에 이미 몇 시간의 연습과 훈련을 하고, 어떤 아이는 하루 몇 시간씩 책을 읽는다. 또는 읽어 달라고 조른다. 아이라고 해서 3~4시간 몰입을 못 하지 않는다. 하고 싶다는 '욕구'를 느끼면 배가 고픈 줄 모르고 3~4시간을 집중할 수도 있다.

많은 사람이 예체능은 초등 이전에 연습을 시작하는 것을 당연시한다. 그런데 학습만은 초등 이전에 시작했다고 하면 '선행학습'이라며 부담스러운 눈길을 준다.

"저렇게까지 시켜야 해?"

질문이 틀렸다. 초등 이전 이미 공부정서가 생긴 아이는 저절로 그렇게 한다. 억지로 시켜서 하는 아이가 아닌, 정말 공부에 대한 정서감이 긍정적이며 배우고자 하는 욕구를 좇는 아이 대부분은 이미 초등 이전에 하루 몇 시간씩 공부에 빠져 있다. 그들은 엄마가 시켜서 하는 게 아니다. 오히려 엄마를 시킨다.

"엄마, 책 읽어줘!"

예체능이든 공부든 초등 이전에 이미 연습, 훈련, 학습을 몇 시간씩 한 아이에게는 그 '욕구'를 알아차린 부모의 민감성이 있었다. 아이는 정서적으로 자신이 하는 것들(바이올린, 첼로, 스케이트, 외국어, 수학, 과학, 역사 공부 등)을 지속적으로 더 익히고, 배우고 싶어 했고 엄마는 그들을 지지하고 지원해주었다. 공부정서가 뛰어난 아이에게는 '선행'이 없다. 바이올린을 세 살부터 연습한 아이처럼, 그냥 일찍 시작할 뿐이다.

15

아는 걸 배우면 정말 수업 시간에 지루해할까

선행학습을 하면 안 된다고 하는 교육자는 입을 모아 이렇게 주장한다.

"선행학습이 학교 수업의 흥미도를 낮추기 때문에 아이 교육에 좋지 않습니다."

나도 그렇게 생각했다. 하지만 사립초등학교에서 일하는 기간이 늘어나면서 이 주장에 의구심이 들었다. 사립초등학교 아이 중 상당수(최소 50퍼센트 이상)는 학원에서 주요 과목(수학, 영어)을 평균 2년 정도 앞서 선행학습을 한다. 정기적으로 학원 레벨 테스트를 거치며 상당한 학업량을 소화한다. 과학실험 전문학원을 다니며 학교 과학시간에 배우는 실험을 사전에 경험하는 아이도 있다. 사회 교과에 나오는 역사 관련 장소를 '가정 체험'을 신청해 다녀온다.

그런데 그렇게 선행을 한 아이는 교실 수업 흥미도뿐 아니라 학교생활 전반에 대한 만족도가 꽤 높았다. 우스갯소리로 아이가 집에서 말을 안 들으면 엄마는 한마디만 하면 된다고들 했다.

"너 이렇게 말 안 들으면 다른 학교로 전학 보낸다."

이 아이는 학교에 대한 자부심이 강하고 수업 집중도도 높았다.

선행으로 수업 흥미도를 예측하는 건 의미 없다

15년 사립초등학교에서 근무하면서 선행학습을 한 많은 아이를 관찰했다. 그 결과 수업을 마주하는 기본 태도는 선행이 아닌 다른 것과 관계가 깊음을 알았다.

공부정서가 좋은 아이는 기본적으로 수업에 대한 기대감

과 존중감이 내재되어 있었다. 이미 아는 내용을 다시 배워도 즐거워했고, 그 와중에 새로운 내용이 첨가되면 더 즐거워했다. 그들에게 아는 내용이란, 재미있는 드라마를 다시 재방으로 보며 의미를 한층 더 새기는 시간이었다.

수학 시간에 아이에게 많이 하는 질문이 있다.

"자, 교과서 기본 사항은 방금 다 배웠습니다. 혹시 수학책에 나오지 않은 방법으로, 나만의 방법으로 풀어볼 사람?"

공부정서가 좋은 아이는 기다렸다는 듯 새로운 풀이 방식을 시도한다. 그중에는 중학교 수학을 끝낸 아이도 있고, 선행을 하지 않고 학교 진도에 맞게 따라오는 아이도 있다. 중요한 건 선행이냐 아니냐가 아니라 '공부정서'다.

공부정서가 좋은 아이는 자발적으로 선행을 선택한다

선행과 상관없이 공부정서가 좋지 않은 아이는 새로운 것을 배워도 별 흥미를 보이지 않았다. 그들에게 공부는 이미 재미없는 것일 뿐이다.

공부정서가 좋은 아이는 결과적으로 자기도 모르게 선행의 과정을 간다. 학원을 보내지 않고 집에서만 공부하던 아이가 초등 3학년 즈음이 되면 엄마에게 요청한다.

"엄마, 나 수학 학원 가고 싶어."

집에서 착실하게 문제집을 풀던 아이가 갑자기 학원에 가고 싶다고 하면 학교에 문의를 해온다.

"선생님, 동민이가 수학 학원에 가고 싶다는데 보내도 될까요? 저는 학원을 꼭 보내야 한다고 생각하지 않거든요. 집에서 하는 것으로도 잘 따라왔고요."

공부정서가 좋은 아이가 학교 진도보다 앞선 선행을 하고 싶어 하는 건 자연스러운 수순이다. 그들이 교과서 수준의 문제만 풀다가 학원에 다니는 아이가 푼다는 문제집이나 교재를 보는 순간 자신도 풀고 싶다는 강한 욕구를 느끼는 건 거의 필연에 가깝다. 그럴 때 내가 학부모에게 해주는 대답은 간결하다.

"학원에 보내셔도 됩니다. 혹시 기회가 된다면, 지금 아이의 기대치를 채워줄 좋은 선생님으로 개인 과외를 붙이면 학습성취가 더 빨라질 겁니다."

이런 아이에게는 섬세한 교사가 옆에서 이끌어주는 것이 최고의 학습 효과를 낸다. 마치 도제식 교육과 흡사한데, 예술 분야에서는 이를 통해 실력이 월등히 향상된다. 학습도 마찬가지다. 좋은 교사의 질문 하나를 통해 공부정서가 좋은 아이는 열

가지를 배워 간다.

지나친 선행이 아이의 발달을 저해한다는 논리는 학습 문제를 단순화시키려는 궁색한 주장처럼 보인다. 공부정서가 좋은 아이에게 선행은 없다. 그저 자기 수준보다 계속 한발 앞서가는 학습을 지속하면 어느새 진도를 앞서가 있을 뿐이다. 문제는 적은 양의 선행조차 강하게 거부하는 공부정서가 무척 낮은 아이다. 그들에게는 그냥 수업 시간 중에 교과서를 읽게 하는 것조차 힘들다.

16

1년 이상 선행하면 심리적으로 문제가 클까

15년 전 사립초등학교에 임용된 첫해, 필자는 깜짝 놀랐다. 그때 3학년 담임을 맡았는데 약 20퍼센트의 아이가 이미 6학년 수학을 풀고 있었다. 50퍼센트 정도의 아이는 1년 정도의 선행수학을 했다. 즉 학급의 70퍼센트 이상이 이미 3학년 수학은 끝낸 상태였다.

놀랍게도 영어는 대다수(90퍼센트 이상) 아이가 공립 기준으로 중1 학생 수준의 영어책을 봤다. 개중에는 영어 유치원을 다닌 아이도 있었고, 사립초등학교에 들어와 1학년부터 방과

후 수업으로 영어 공부를 시작한 아이도 있었다. 집에 가서는 대부분 학원을 통해 선행학습을 했다. 결국 초등 3학년부터 영어를 배우기 시작한 아이와 최소 3년의 격차가 생기는 건 당연했다.

교직 첫해, 그런 아이들을 보면서 염려가 되었다.

'이렇게 선행을 해도 아이의 성장 발달에 괜찮을까?'

15년 동안 그런 아이들을 관찰하고 기록하고 연구한 결과, 이 질문에 대한 대답은 이렇다.

"공부정서가 있으면 선행이 아무 문제가 되지 않는구나."

"공부정서가 있으면 저절로 앞선 공부를 하는구나."

"공부정서가 있으면 학습격차를 금방 따라잡는구나."

"공부정서가 있으면 학원을 스스로 선택할 때도 있구나."

"공부정서가 있으면 사회성도 참 좋구나."

"공부정서가 있으면 예체능에도 성취도가 높구나."

선행한 아이는 네 부류로 관찰되었다

교육학 일반에서는 과도하게 아이의 발달 과정보다 앞서는 선행학습(1년 이상)을 하면 심리·정서상 좋지 않다고 말한

선행한 아이의 심리 · 정서 상태 비율

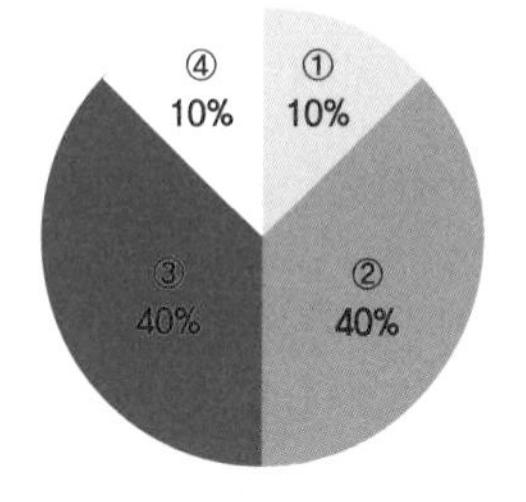

① 무척 힘들어하는 아이
② 일시적으로 스트레스에 민감도를 보이는 아이
③ 담담하게 받아들이는 아이
④ 선행을 기다리는 아이

다. 하지만 선행학습 비중이 비교적 높은 사립초등학교 현장에서 보았을 때, 1년 이상 학습 관련 선행을 했던 아이 중 심리·정서상 힘들어하는 아이의 비중은 그리 높지 않았다.

일반적으로 네 부류의 모습으로 관찰되었다.

첫 번째 부류는 무척 힘들어하는 아이로 약 10퍼센트 정도가 해당한다. 여기서 무척 '힘들다'는 스트레스를 감당하기 어려워하며 '신체화 반응'을 보이는 것을 말한다. 시험 기간이면 설사를 한다든가, 학원 레벨 테스트를 보는 날이면 식사를 못할 정도로 배가 아픈 아이이다. 그런데 이 경우 문제의 원인이 선행이라기보다, 부모의 양육 태도에서 기인했을 가능성이 높았다. 결과에 대한 부모의 억압적 피드백 때문에 신체화 반응이 지속되는 경향을 보인 것이다.

두 번째 부류는 일시적으로 스트레스에 민감한 반응을 보이는 경우로 약 40퍼센트의 아이가 해당한다. 신체화 반응까지는 보이지 않더라도 높은 '불안도'를 드러내며 시험 한 달 전부터 시험 범위를 묻고 시험 직전에는 시험이 어려울지 아닐지 담임교사에게 자주 물었다. 이 부류는 많은 경우 경험이 쌓이자 점차 자신을 조절하는 모습으로 성장해갔다.

세 번째 부류는 담담히 받아들이는 아이로 약 40퍼센트 정도다. 스트레스는 받지만 나름 감당할 만하다는 모습을 보인다. 특이하게 오히려 선행을 통해 안정감을 보이고 일정 부분 선행하지 않았을 때 불안해하기도 했다. 미리 안다는 것에 안도감과 자부심이 있었다.

네 번째 부류는 선행을 기다리는 모습을 보이는 아이로 약 10퍼센트에 해당한다. 최소 3년 정도의 선행도 기꺼이 했고, 엄마보다 더 많은 학습 관련 정보를 알았다. 오히려 어떤 부분은 알아서 할 것이고, 어떤 부분은 부족하니 학원이나 과외가 필요하다고 엄마에게 요청했다.

이 네 번째 부류가 공부정서가 무척 좋은 아이다. 이들에게는 1년 앞선 공부냐 아니냐는 의미가 없었다. 그냥 배우는 것을 즐거워했다.

일단 가르쳐본다, 그리고 강도를 조절한다

아이의 인지 발달 과정은 다 다르다. 지금 우리 아이가 배울 수 있는 것들을 조금씩 시도하고, 그 강도를 조절하는 것이 중요하다. 초등 입학 전에 글자를 배우면 안 된다, 외국어를 배우면 안 된다 등의 여러 연구와 이론이 있다. 이로 인해 선행하면 아이의 정서를 해친다고 말하면서 배움의 기회가 다가와도 주저한다.

아이의 심리와 정서에 영향을 주는 건 학부모가 자녀를 존중 어린 시선으로 바라보느냐 아니냐지, 선행이 아니었다. 우리 아이가 배울 수 있다면 조금씩 가르쳐보는 것이 오히려 안전감과 성취감, 자부심을 준다.

그게 아이에 대한 존중이다. 힘들 거라고 미리 지레짐작하다가는 자칫 최적의 시기를 그냥 흘려보내는 우를 범할 수 있다. 최적의 시기인지 아닌지는 조금씩 노출의 기회를 주어봐야 안다.

17

특목고 준비를 초등 시기부터 해야 하는가

많은 학부모가 자녀를 특목고에 보내고 싶어 한다. 특목고의 명문대학 진학률이 일반 고등학교에 비해 훨씬 높기 때문이다. 특수 목적(과학, 외국어, 예술 등)으로 일찍이 진로를 결정하고 해당 내용을 심도 있게 배우기 위해 입학하는 경우는 사실 많지 않고 대학 입학 수시 전형에 특화된 학교로 바라보는 관점이 많다.

그렇다면 특목고 입학을 초등학생 시기부터 준비해야 한다는 건 맞는 말일까? 사교육 시장이 불안을 조장해 만들어낸

유언비어일까? 사립초등학교에서 15년 근무하면서 바라본 관점은 이렇다.

"초등 시기부터 준비하는 게 훨씬 유리하다."

일찍 준비하는 게 유리한 건 사실이다

6학년 담임 7년, 5학년 담임 3년을 하면서 몇몇 학부모에게 직접적으로 말씀드렸다.

"효리는 특목고를 목표로 준비하는 게 좋겠습니다."

"태리는 자사고를 목표로 준비하셔도 됩니다."

"수애는 예중을 가서 추후에는 예고를 준비하는 게 좋을 것 같습니다."

학습성취 평가만 보고 권하는 것은 아니다. 학습성취는 최상이지만 권하지 않고 지나가는 경우도 많다. 학습성취에 공부정서도 좋은 아이에게만 이렇게 말씀드린다. 그 아이는 특목고에 진학했을 때 만족도와 행복도가 훨씬 더 높아질 가능성이 많기 때문이다. 그들은 특목고를 단순히 대학을 가기 위한 징검다리가 아닌, 공부 과정 그 자체를 즐기며 배움의 욕구를 채울 기회로 삼을 확률이 높다. 문제는 그 과정으로 진입하기 전에 입시를 거쳐야 한다는 것이다.

특목고 입시 준비는 무척 힘들다. 학습이든 예술 분야든 밤늦도록 학원을 다녀야 할 뿐 아니라 자기주도학습까지 병행해야 한다. 동시에 내신도 신경 써야 한다.

이 둘을 성공적으로 성취하려면 초등 시기부터 마음의 준비가 되어 있어야 한다. 실질적으로 학습 과정에서 별도의 선행을 기꺼이 받아들이며 매일 반복되는 학습 일상을 거부감 없이 수용하는 정서가 형성되어 있어야 한다는 말이다.

공부정서 없이 선행만 하는 아이는 스트레스와 내적저항을 견디기 어렵다.

물론 앞에서도 언급했듯이 특목고나 대학이 인생의 행복이나 성공을 보장하지는 않는다. 학부모도 잘 알아 그냥 일반고를 선택하기도 한다. 그런데 권유를 받고 자녀에게 말했을 때, 공부정서가 좋은 아이는 대부분 스스로 그 길을 가고 싶어 하고 결국 합격한다.

어느 길을 가든 입시 스트레스는 겪는다

공부정서가 좋은 아이일수록 목표가 명확해지면 의욕이

커진다. 공부정서가 낮을수록 목표를 회피하고 불안감에 자신을 던진다.

“저희는 아이가 과도한 입시 스트레스를 받게 하고 싶지 않아요.”

이렇게 말하는 학부모가 많은데 대학 공부까지는 시키겠다고 결정했다면, 어떤 형태로든 입시 스트레스는 피할 수 없다. 그 스트레스를 특목고로 앞당길지, 아니면 다른 아이와 마찬가지로 대학만 볼지 시기의 차이만 있을 뿐이다. 공부정서가 낮으면 그 시기를 당기든 늦추든 스트레스를 견디기 어려워한다. 공부정서가 좋은 아이는 강도 높은 루틴을 꾸준히 견디며 실력을 쌓아나간다.

18

영어 공부는 언제부터 시작하면 좋을까

영어 공부 시기에 대한 의견은 크게 두 가지로 나뉜다. 모국어인 한국어를 어느 정도 한 뒤에 배워야 좋다는 의견과 외국어 또한 일찍 시작하면 좋다는 의견이다. 한국어를 어느 정도 익힌 뒤에 영어를 배워야 한다는 의견 아래에는 아이가 혼란스러워해 한국어도 영어도 둘 다 어설픈 상태가 오래 갈 수 있다는 염려가 놓여 있다.

초등학교에서 3학년부터 영어를 가르치는 이유에는 '사교육 시장'의 과열을 막기 위한 목적도 크다. 1학년부터 학교에서 영어를 배우면, 많은 학부모가 초등 입학 전에 영어 사교육을 시킬 것이라는 생각 때문이다. 하지만 초등 3학년부터 영어를 가르친다고 해서 사교육이 줄어드는 효과는 미미하다.

정말 사교육 과열을 막고 싶다면, 유치원 시기부터 아동 발달에 적합한 방법으로 영어 교육 커리큘럼을 만들어 공식화해야 한다. 사교육보다 더 체계적이고 더 좋은 교육을 공교육 유치원에서부터 시작하는 것이다. 신뢰할 만한 영어 교육 과정을 조기에 도입하는 것이 사교육 영어 시장을 줄일 최선의 방법이다.

영어는 초등 3학년 이전에 배워도 된다

그런데 의문이 생긴다. 정말 모국어를 제대로 익히기 위해, 사교육 과열을 막기 위해 초등 3학년부터 영어를 배우는 것이 '최적기'일까?

사립초등학교에서 근무하는 15년 동안 살펴보았을 때, 그렇지 않다는 것이 결론이다. 영어 유치원에 다닌 아이도 모국어를 잘했고 초등 1학년 아이의 경우 방과후 수업에서 영어를 배우면 성취도가 눈에 띄게 높았다.

'읽기·쓰기' 위주가 아닌 '듣기·말하기' 위주의 영어 교육은 미취학 시기나 초등 저학년에서도 충분히 가능하다. 이 시기에 '듣기·말하기'로 영어를 경험한 아이는 초등 1학년인데도 원어민 교사와 대화하는 데 별 어려움이 없었다.

많은 사립초등학교에서 중국어를 1학년부터 가르친다. 보통 중국어는 창의적인 체험활동으로 분류되어 동아리로 진행된다. 비록 일주일에 2시간 정도만 하지만 아이는 짧은 시간 내에 중국어의 복잡한 성조를 구분해낸다.

영어와 달리 중국어는 대부분 아무 사교육 없이 처음 접한다. 그래서 외국어 교육을 초등 1학년부터 시작했을 때 어떤 결과를 보이는지에 대한 중요한 지표로 삼을 수 있다. 결과적으로 초등 1학년 아이가 외국어를 배우는 데는 아무 문제가 없었다. 1학년 아이가 중국어 성조를 구분하며 짧은 문장을 읽는 모습을 보면 솔직히 감동적이다.

외국어는 공부가 아니다

외국어는 '공부' '학습'의 개념으로 접근하면 안 된다. '습득' 개념으로 다가가야 한다. 어떤 기술이나 스킬을 익히려면 해당 과정을 자주 반복해야 한다. 외국어 역시 해당 언어에 노출되고 상황에 맞게 말하는 과정을 자주 반복할수록 습득 속도가 빨라진다. 단순하게 표현해서 젓가락질을 배우는 것과 같다. 자주 연습하면 실력이 는다.

결론적으로 말하자면, 외국어는 환경만 된다면 일찍 시작해도 된다. 실제 초등 입학 전에 영어 동화책 스토리텔링에 빠진 아이는 상당한 영어 실력을 쌓는다. 그렇다고 그들이 한국어를 못하는 것도 아니다. 외국어를 일찍 배우면 한글과 섞여서 둘 다 제대로 못할 것이라는 판단은 그냥 그럴 것이라는 예상일 뿐이다.

지난 15년 사립초등학교 학생의 외국어(영어, 중국어) 수행과정 데이터를 분석한 결과, 외국어는 초등 1학년부터 시작해도 효과가 좋았다.

한창 한국어를 익히는 아이를 영어에 노출시켰더니 한국어 실력이 줄었다는 말이 있는데 이는 영어 노출로 인한 현상이 아니다. 평소 충분한 한국어 책 독서 시간을 확보하지 않아서 그랬을 가능성이 더 높다.

지금 바로 엄마가 도와주면서 시작하자

우리 아이가 초등학생이라면 언제부터 영어 교육을 시킬지 고민할 필요가 없다. 바로 시작하면 된다. 초등 1학년 엄마가 옆에서 받아쓰기 방법을 알려주듯 최대한 자주 듣고, 따라 말하고, 쓰는 환경을 만들어준다.

대한민국의 엄마라면 모두 초등 영어를 가르칠 수 있다. 자신의 발음이 좋지 않다고 걱정할 필요는 없다. 교과서를 펼쳐 놓고, 혹은 시중에서 판매하는 기초 초등 영어책을 이용해 함께 듣고 따라 하면 충분하다. 꼭 학원을 가야만 영어를 배울 수 있다고 생각하지 않는다. 엄마가 영어 동화책을 꾸준히 읽어주면서 결국 스스로 영어책을 즐겁게 읽는 수준으로 성장한 아이도 꽤 많기 때문이다.

영어는 장기 투자다. 마치 주식과 같다. 일찍 시작해서 매일 적당한 양을 적립하듯 꾸준히 해야 한다. 3학년까지 기다렸다가 시작할 필요가 없다. 1학년 아이도 영어 챈트를 신나게 따라 부를 수 있다. 더 잘, 더 오래 기억한다.

공부정서 톡톡 3

공부정서의 기반, 마음면역력

Q 마음면역력, 아무래도 심리적으로 건강하게 자라는 토대를 말씀하시는 것 같아요.

A 예, 코로나19와 관련해 신체면역을 키워야 한다는 이야기가 뉴스에 자주 언급됐죠? 심리적으로도 다양하게 면역력을 높여야 합니다. 우울, 낮은 자존감, 위축감, 심리 공황 상태 등 마음의 병은 무척 많고, 누구나 언제든 이런 병과 맞닥뜨릴 수 있습니다. 마음의 병은 공부정서에 큰 영향을 줍니다. 마음면역력을 갖춰야 흔들리거나 넘어지지 않고 다시 일상으로 돌아와 학습을 이어갈 수 있죠.

Q 아이의 마음면역력을 키우는 데 가장 중요한 건 뭔가요?

A 뛰어난 능력을 지닌 어른이 아니라 아이 입장에서 정말 자기에게 관심을 가져주는 '믿을 만한 어른'입니다. 철학적으로 표현하면 아이의 '존재'를 인식하는 어른을 말하는데요. 아이를 그 아이 자체로 인식해주는 순간이 많을수록 아이의 마음면역력이 커집니다.

마음면역력은 거시적 관점에서 홀로서기, 심리적 독립을 가능하게 하는 힘입니다. 만 3세 정도까지는 '안정애착'이 중요하지만 그 후부터는 분리를 배우고 연습해야 합니다. 첫걸음은 아이에게 하나의 독립된 '존재'라는 걸 알려주는 겁니다.

Q 아이의 마음 면역력을 높이는 방법에는 어떤 게 있을까요?

A 여러 사람이 함께 집 안에서 할 수 있는 '경쟁 놀이'가 큰 도움이 됩니다. 특히 윷놀이같이 집단으로 편을 먹고 하는 놀이가 좋습니다. 윷놀이는 전략을 잘 세워도 윷이라는 도구를 던져서 펼쳐지는 우연 속에서 다양한 변수가 생기죠. 조금 전까지 앞서가다가 한순간에 역전되기도 하고요. 이러한 다이내믹한 순간을 감정적으로 겪어나가면서 마음이 단단해집니다. 여기서 단단해진다는 건 고집이 세진다는 뜻이 아니고 자

신의 마음을 조절하는 능력이 생긴다는 겁니다. 이렇게 마음을 조절하는 능력이 바로 마음면역력이 됩니다.

Q 윷놀이, 명절에나 한 번씩 했는데 아이에게 정말 좋은 놀이네요. 이런 놀이가 또 있나요?

A 예, 다양한 보드게임이 있죠. 아이에게 직접 도화지를 주고 보드게임을 만들어보게 하는 것도 좋습니다. 새로운 규칙과 내용을 첨부해가면서 함께 보드게임을 하면, 아이는 다양한 심리적 전이와 감정을 경험합니다. 화가 나기도 하고, 긴장되기도 하고, 환호하기도 하고, 결국 졌다고 결론이 나는 순간에 좌절도 하고요. 하지만 결론은 '게임이었다' 하고 다시 일상으로 돌아오지요. 사실 심리 놀이 치료도 이런 과정을 아이가 견딜 수 있는 수준부터 시작하는 겁니다.

Q 아이랑 단둘이 하는 게임도 마음면역력을 키워줄까요?

A 일대일 게임도 좋습니다. 살아가면서 어떤 한 사람과의 관계 때문에 힘든 경우도 많거든요. 장기, 바둑, 오목, 실뜨기, 노래 부르면서 손뼉치기 놀이를 통해 상대방을 느끼고 호흡을 맞추며 타인과 함께하는 공감력을 키워나갈 수 있습니다.

아이가 높은 공감력을 지녔다는 건, 마음면역력이 크다는 것과 같습니다. 공감할 수 있는 아이가 결국 자신 또한 누군가에게 공감받을 수 있다는, 타인에 대한 신뢰감을 갖거든요.
하나 더, 낡은 것들을 고쳐서 재활용하는 과정을 아이와 함께 해보세요. 어떤 물건이든 언젠가는 낡고 해집니다. 어른이 보기에 버려야 할 것 같은 고장 난 장난감을 아이가 좋아한다면 정성을 다해 고쳐주세요. 이 역시 아이에게 안전감을 주고, 마음면역력을 높여줍니다.

Q 아이가 이미 마음에 상처가 좀 많고 심리적으로 어려움이 있다면 어떻게 해야 하나요?

A 어른 아이 할 것 없이 좋은 방법이 일단 움직이는 겁니다. 우울감이 아주 심한 경우, 주로 고립되어 혼자 있는 걸 선택하고 하루 종일 가만히, 정말 죽은 듯이 가만히 있습니다. 그러다 안타깝게도 극단적인 선택도 하죠. 많은 심리전문가가 이럴 때는 움직이는 것부터 하라고 합니다. 몸으로 움직이는 것이 마음근육을 키우는 데 큰 도움이 됩니다.
아이와 함께 집 안에서라도 종이접기를 하고, 거실에 매트를 깔고 구르고, 팔씨름도 해주세요. 특히 찰흙 같은 말랑말랑한 것을 주물럭거리는 활동이 마음면역력 높이기에 아주 좋습니다. 찰흙으로 뭔가를 만들면서 자기 마음도 고쳐나갑니다.

저는 코로나19보다 아이의 잃어버린 마음면역력이 더욱 걱정됩니다. 근 3년 가까이 친구들과 직접 어울리지 못한 아이들입니다. 아이의 마음면역력은 상상 그 이상으로 약해져 있습니다. 믿을 만한 어른, 함께하는 놀이, 고쳐서 다시 사용하기, 일단 움직이기, 모두 다 집에서 아이와 해볼 수 있습니다. 마음면역력이 약해져버린 시간을 적극적으로 만회해주기를 바랍니다.

핵심 개념 정리

1. 아이 뇌에는 처음인 것이 많다. 처음 접한다는 것의 의미는 특별하다. 처음이기에 상당한 에너지를 사용해서 관찰하고, 만져보고, 느껴보고, 기억한다. 그만큼 뇌에 깊숙이 새겨진다.

2. 예체능에서 뛰어난 성취를 보이는 이들은 초등학교 입학 이전에 이미 '일만 시간의 법칙'을 따르듯 묵묵히 높은 강도로 연습해왔다. 그러고 20대 초반에 세계적 수준에 이른다.

3. 선행으로 수업 흥미도를 예측하는 건 의미 없다. 공부정서가 좋은 아이는 수업에 대한 기대감과 존중감이 내재되어 있기에 이미 아는 내용을 다시 배워도 즐거워했다.

4. 공부정서가 있으면 자기 수준보다 계속 한발 앞서나가 저절로 선행을 하게 된다. 학습격차가 있어도 금방 따라잡고 학원을 스스로 선택한다. 또 예체능에서도 성취도가 높다.

5. 대학에 들어가려면 입시 스트레스는 피할 수 없다. 그 시기를 특목고로 3년 앞당겨 잡는다면, 초등 시기부터 준비하는 게 스트레스를 감당하게 하는 데 더 현명한 결정이 된다.

6. 결론적으로 말하자면, 외국어는 환경만 된다면 일찍 시작해도 된다. 지난 15년 사립초등학교 학생의 외국어(영어, 중국어) 수행 과정 데이터를 분석한 결과, 외국어를 초등 1학년부터 시작해도 효과가 좋았다.

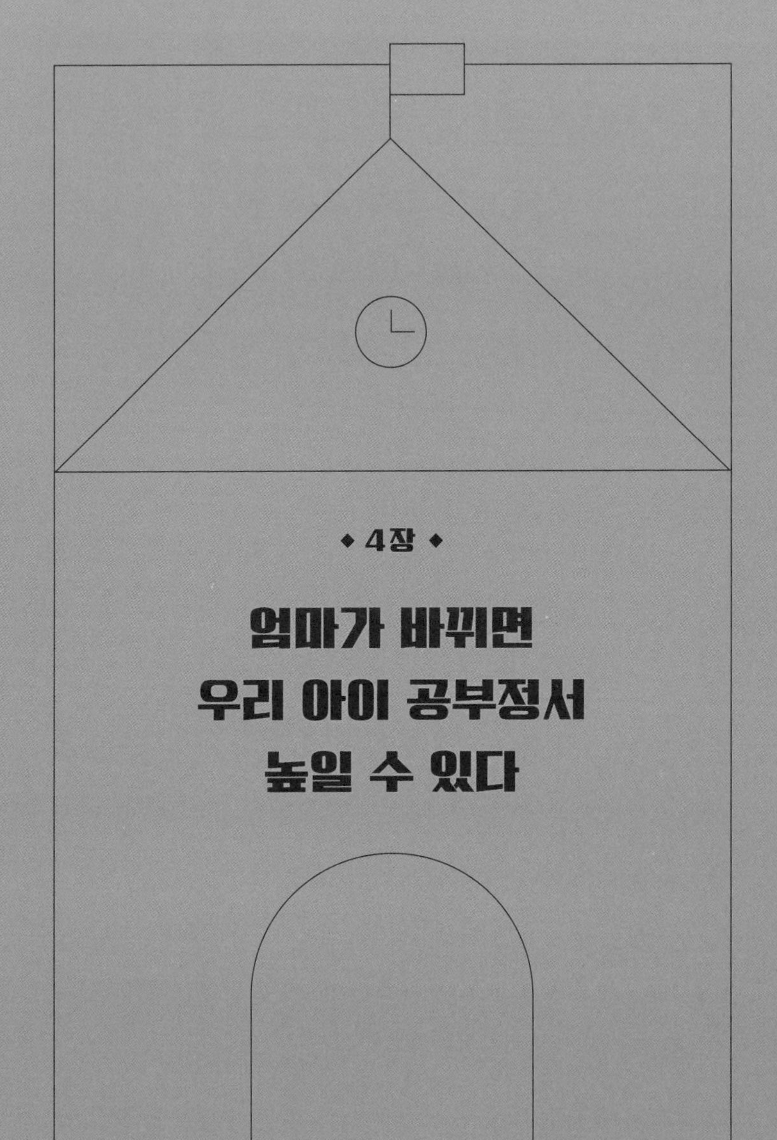

◆ 4장 ◆

엄마가 바뀌면 우리 아이 공부정서 높일 수 있다

19

거실을 공부 장소로 활용해 함께한다

공부정서가 형성된 아이는 방에서 혼자 공부가 가능하다. 하지만 공부정서가 없는 아이에게 '자기 방'을 공부방으로 사용하도록 두는 것은 그리 효과적이지 않다.

공부정서가 낮으면 공부 의지력이 생기지 않는다. 일단 재미없다는 생각이 먼저 떠오르고 그 순간 공부를 하지 않으려는 의지가 발동한다. 결국 아이는 시선을 주변으로 분산시키고 공부가 아닌 최대한 딴짓할 거리를 찾아 좁은 방을 온통 헤맨다.

거실 공부 환경이 오히려 유혹을 막는다

아직 자기주도학습력이 없는 아이는 가급적 거실에서 공부하도록 환경을 만들어준다. 책상을 거실로 옮길 필요는 없다. 그냥 거실 탁자나 마룻바닥에 엎드려 책을 읽거나 문제집을 풀게 해도 된다. 어떤 형태로든 일단 학습을 시작하는 첫 출발이 자연스럽고 친근할수록 좋다.

자기 방에 들어가게 하고, 책상에 앉히고, 문제집을 꺼내는 과정을 생략하고 거실에서 바로 학습에 몰두하게 준비해준다. 모르는 것이 있으면 물어보고, 스마트패드로 관련 자료를 검색해보고, 한쪽에 쌓아둔 사전과 참고도서를 뒤적이는 등 약간 부산해 보일 수도 있지만 아이는 그 과정에서 즐거움을 느낀다. 무언가를 찾아가는 여정이 학습에 반영되어야 공부정서가 올라가기 시작한다.

공부는 밀림을 헤매는 모험이다. 방에 갇혀서 감옥에 들어가는 분위기로는 공부정서가 높아지기 어렵다. 거실에서 충분히 학습 관련 모험을 떠나고 자기 방은 지친 몸으로 편안히 쉴 공간이 되면 좋다.

초등 입학 전에 공부정서가 자리 잡힌 아이는 대부분 거실에서 엄마와 함께 무언가를 한 기억이 가득하다. 거실은 그림 그리기, 두드리기, 책 읽기, 낙서하기, 숫자 세기, 글자 맞히기, 노래 부르기, 율동하기, 영화 보기, 춤추기 등, 아이의 뇌 발달에 좋은 모든 것들이 가능한 장소가 되어야 한다.

공부정서는 무언가 배우고 익히는 과정이 즐겁다는 기억이 쌓이면서 형성된다. 그런 공간은 가능하면 집 안에서 가장 넓은 장소가 좋다.

세련된 교육은 개별 케어에 있다

사립초등학교는 저마다 독특하고 효과적인 교육 커리큘럼을 만든다. 학부모의 자녀 교육 욕구를 충족시켜줄 만한 특별 교육 과정을 구성하는 것이다. 사립초등학교가 공립초등학교와 비교했을 때 별 차이점이 없다면, 1년에 학비가 천만 원이 넘게 들어가는 사립을 보낼 이유가 없기 때문이다.

그런 면에서 학년 말 사립초등학교 교사들의 '교육 과정 협의 회의'는 거의 난상토론에 가깝다. 교사 경력이 많고 적음과 관계없이, 부장 교사인지 아닌지 상관없이, 학생 교육에 어떤 파급효과가 있을지에만 중점을 두고 회의가 진행된다. 교육적 효과가 미미했다고 판단된 과정은 사라지고 새롭게 추가할 요소들을 찾는다. 좋았던 교육 내용은 어떻게 더 보완, 세

련된 모습으로 발전시킬지 고민한다.

몇 년 전이었다. 학년 말 협의 회의가 끝나갈 무렵, 부산에 있는 사립초등학교 교사에게서 전화를 받았다. 부산교육대학교 동기 교사로 나보다 나이는 어려 나를 형님이라고 불렀다.

"행님, 행님 초등학교는 이번 회의에서 좀 특별한 거 있습니까? 제가 다른 지역 사립초등학교 정보를 알아보는 역할을 맡았거든요. 행님은 서울이고 저는 부산이니 경쟁할 것도 없을 거 아닙니꺼? 새로운 거 있음 공유 좀 하면 안 되겠습니꺼."

그때 그 친구에게 공유해준 정보가 '수학 팀티칭'이었다.

우리 학교는 수학 시간에는 2명의 교사가 수업한다. 담임교사는 수업을 이끌고, 보조교사는 수학이 약한 아이를 개별 교육한다. 40분 수업 시간 중에 새로운 수학 개념과 이론을 설명하고 익힘 문제를 풀어주면 사실 개별 피드백은 담임 혼자 감당하기 어렵다. 이때 수학 보조교사가 어려워하는 친구들 옆에서 풀이 과정을 상세히 알려주는 것이다. 물론 그렇게 직접 피드백을 받아도 아이의 수학 성적이 바로 올라가거나 갑자기 수학을 좋아하게 되지는 않는다. 하지만 중요한 것을 얻는다. 바로 수학을 포기하지 않는 정서감이다.

초등학교 고학년이면 이미 수학을 포기한 아이('수포자'라고 부른다)가 생긴다. 그 아이는 수업 시간 내내 정말 지겹다는 표정으로 앉아 있는다. 한 학기를 그렇게 보내면 수학정서는 바닥으로 떨어진다. 집에 가서도 혼자 문제집을 풀고 공부할 생각을 하지 않는다. 어차피 풀기 어려울 거라 여기기 때문이다.

하지만 보조교사가 개별적으로 친절하게 설명해주면 수학에 대한 거부감이 현저히 낮아진다. 집에서는 모른다고 엄마에게 혼나는데 학교에서는 모른다고 하면 더 쉽게 설명해주기에 안도감을 얻는다.

정서는 일대일 친밀한 관계에서 형성된다. 교과정서도 마찬가지다. 누군가 옆에서 친절하게 수준에 맞춰 쉽게 설명해주면 그 과목에 거부감이 생길 수 없다.

거실 공부의 목적은 '바로 옆 케어'에 있다

성적이 하위권인 아이는 스스로에 대해 이렇게 말한다.

"엄마가 전 공부머리가 없대요."

틀렸다. 누군가 친절하게 옆에서 알려주는 사람이 없었을 뿐이다. 공부정서는 옆에서 누군가 친절하게 설명해주는 사람이 있을 때 높아진다고 계속 말해왔다.

공부정서가 있는 아이의 부모는 책을 주면서 '읽어라'라고 하지 않았다. 문제집을 주면서 '풀어라'라고 하지 않았다. 거실에서 책을 같이 읽고, 어려운 문제를 풀 때 도와주었다. 그것도 몇 번이고 되풀이해서 친절하게 설명해주었다. 거실은 엄마의 도움과 케어를 받는 아주 편안한 장소가 되어야 한다.

만화책과 스마트폰은 치운다

공부정서가 좋지 않은 아이는 대부분 독서하라고 하면 만화책을 본다. 부모도 자녀에게 책을 읽히려고 일단 만화책이라도 권한다. 하지만 만화책은 공부정서와 더욱 멀어지게 한다. 기본적으로 만화책은 글보다 그림으로 이해력을 돕기 때문에 문장을 해석하면서 얻는 논리적 사고력을 키우지 못한다. 짧은 문장들로 구성되기 때문에 글쓰기 실력을 늘리는 데도 도움을 주지 못한다.

공부정서를 높이려면 반드시 만화책이 아닌 줄글로 채워진 일반 서적을 읽혀야 한다. 독서력이 수반되지 않으면 공부정서 높이기는 기대하기 어렵기 때문이다.

스마트폰도 초등 시기만큼은 피하자. 초등 시기가 지나면 '뇌'의 성장 발달이 어느 정도 기존 시스템에 최적화된다. 뇌과학자들의 표현에 따르면 '뇌'가 고정된 틀을 갖는 시기를 평균 10세 이후로 보는데, 초등 교사 입장에서는 12세 이후로 여유 있게 잡는 것이 좋다고 판단한다.

최소 초등 6학년까지는 스마트폰을 사주지 않는 것이 좋다. 공부정서가 확실히 높아질 시간을 충분히 주는 것이다.

초등 시기는 공부정서를 높일 마지막 보루다. 그 시기를 스마트폰에 넘긴다면, 공부정서 키우기는 포기하는 것이 좋다.

20

직선으로 최단거리를 찾아 6개월을 달린다

미취학 아동기에는 놀이 학습으로 긍정적인 공부감정을 키우고 이를 공부정서로 굳힐 수 있지만, 초등 이후에는 놀이 교육에 잠깐은 흥미를 가져도 결국 공부와 관련된 것임을 알아챈 순간 호기심은 반감된다. 초등 시기에 즐겁게 공부하려면 할수록 먼 길을 돌아간다. 그러면서 제대로 몰입도 못 하고, 만족할 만한 성취도 얻지 못한다.

이 시기 성취감은 특히 고학년으로 갈수록 목표를 정하고 그 목표점을 향해 직선으로 빠르게 달려갈 때 가장 크게 얻을 수 있다. 마치 깃발을 꽂아놓고, 깃발만 보고 뛰는 것과 같다.

한자 공부를 한다면 그냥 한자책을 주면서 공부하라고 하는 것은 거의 동기부여가 되지 않는다. 한자 급수 시험을 목표로 정하고 한자를 암기하게 한다.

가끔 한자 학습 만화책을 읽으면 우리 아이 한자 능력이 저절로 생기지 않을까 하는 막연한 기대감 때문에 학습 만화책을 읽히는 경우를 본다. 도움이 안 되는 건 아니지만 투자 시간 대비 공부 소득률이 너무 낮다.

1년 동안 한자 관련 학습 만화를 20권 읽히는 것보다 한 달 동안 한자 급수 시험을 준비하고 합격증을 받아 들게 하는 것이 훨씬 더 효과적이고 성취감도 갖게 한다.

처음부터 알아서 공부하는 아이는 없다

자기주도적으로 열심히 공부하는 아이는 알아서 계획을 세우고 실천하고 몰입하는 모습을 보인다. 그런 아이를 보면서 왜 내 아이는 그렇게 못하는지 답답해하는 부모가 많다. 착각해서는 안 된다. 그들이 처음부터 자기주도적인 모습을 보인 것은 아니다. 그 정도 단계까지 가기 위해 지속적인 관리로 습관화를 만들어냈다. 습관화 과정을 건너뛴 채 스스로 알아서 하는 아이는 없다. 이제부터 내 아이에게도 이런 습관을 만들어주어야 한다.

이때 아이마다 환경과 성향이 다르지만 습관화 기간이 너무 길지 않게 해야 한다. 구체적인 작은 목표를 한 달에서 두 달 단위로 세우고, 그 목표를 이루기 위한 최단거리를 찾는다. 구체적으로 설명해보겠다.

나는 일반적으로 장기 목표로 6개월을 권장한다. 6개월은 60일을 세 번 거치는 시간이다. 보통 하나의 습관 형성을 위해 필요한 시간을 60일로 잡는다. 6개월을 두 달씩 쪼개어 세 번을 거치면 3개의 작은 공부습관들에 익숙해지고 그러면 최소한의 공부를 스스로 알아서 한다.

독서부터 시작하는 것이 무난하다. '매일 저녁 식사 후 동화책 30분 동안 읽기'를 정하면 그 시간 동안 엄마도 함께 옆에서 책을 읽는다. 그 과정을 60일 반복한다. 60일 표를 냉장고에 붙여놓고 매일 실행한다.

첫 번째 2개월 과정이 성공적으로 끝나면, 다른 목표를 추가한다. 매일 저녁 30분 동화책 읽기는 이제 자동실행시키고, 아침에 30분 일찍 일어나 등교 전 영어단어 20개 암기하기 60일 과정을 진행한다. 엄마는 옆에서 암기한 것을 확인해준다. 60일 후 1,200개 단어를 한 번 외우면 초등 시기에 중학교 단어책 1권을 끝낸 것이다.

이런 성취감을 맛보게 한 후 그 시스템을 계속 유지해 또 다른 공부습관 만들기를 시도한다. 적어도 3개의 작은 공부습관을 만들면, 그제야 아이가 스스로 목표들을 향해 걸어갈 수 있다. 자녀의 공부정서는 단순하게, 그냥 쉽게 키워지지 않는다. 함께하면서 격려하고 방향을 알려주고 구체적인 목표들을 제시하며 관리하는 과정이 필요하다. 그 과정을 함께해낼 어른이 없으면 아이는 그저 자신의 욕구를 따라 하루를 보낼 뿐이다.

더 빠르고 쉬운 길은 없다. 6개월만 달리면, 3개의 패턴이 톱니바퀴처럼 굴러간다.

매일 저녁 아이의 일과를 점검해주어야 한다

앞에서도 말했지만 실질적인 공부 시간에 학교 시간, 학원 시간은 제외해야 한다. 집에서 스스로 문제집을 풀거나 독서 활동을 하지 않은 아이는 학원을 다녀도 학습성취가 낮다. 혼자 책을 읽고, 혼자 암기하고, 혼자 글을 쓰고, 혼자 연습한 시간이 우리 아이의 실력을 향상시킨 시간이다.

학기 중에는 자도주도학습을 할 시간이 하루 중 얼마 안 된다. 학원을 다니는 아이라면 보통 하루 2시간 정도 자기주도학습 시간을 확보할 수 있다. 그런데 그 시간 대부분을 학원 다니느라 힘들었다며 그냥 쉬게 한다. 학원을 다니지 않는 아이라면 5시간 정도 자기주도학습 시간을 만들 수 있는데, 안타깝게도 그 시간을 관리해주는 어른이 곁에 없는 경우가 많다. 아이는 혼자서 스마트폰을 보다 문제집 조금 풀고, 숙제 조금 하고, 유튜브 보다가 하며 하루를 보낸다. 결국 학원을 가지 않는 아이 역시 하루 2시간 정도도 자기주도학습에 집중하기 어렵다.

아이가 스스로 계획을 세우고, 해야 할 분량을 채우고, 못한 부분은 다음 계획에 반영하도록 하는 과정을 6개월 정도 옆에서 도와주어야 한다. 네가 좀 스스로 알아서 하라는 말은 하지 않는다. 구체적으로 어떻게 스스로 해야 하는지 옆에서 하나씩 코칭하지 않는 이상, 아이는 모른다. 모르는 게 당연하다. 오늘 스스로 해야 할 분량을 했는지 확인해주고, 하지 못했다면 어떤 불가피한 상황이 있었는지 이야기를 듣는다. 더불어 하지 못한 부분을 언제 어떤 방식으로 다시 하면 될지 계획에 반영하도록 돕는다.

주말을 놓치면 학습성취 속도가 더뎌진다

주말은 아침부터 저녁까지 시간이 있는 날이다. 학원을 다니지 않는 아이는 토요일 10시간, 일요일 10시간 합 20시간을 확보할 수 있다. 주말에 학원을 다니는 아이라도 10시간의 여유 시간이 생긴다. 주말을 놓치면 주중 5일 동안 자기주도 학습을 할 시간(5일×2시간=10시간)을 놓치는 것과 비슷한 상황에 놓인다. 반대로 주말을 잘 활용하면 5일의 시간을 버는 것과 같은 효과를 얻는다.

초등학생을 주말에도 5시간에서 10시간씩 공부시키다니, 거의 입시생 수준이 아니냐고 생각할 수 있다. 그런데 그렇게 하면서 성취감을 느끼고 높은 수준의 학습성취 능력을 보이는 아이가 의외로 많다. 그 아이가 결국 중등교육(중학교, 고등학교)까지 쭉 상위권에 머문다. 다시금 언급하지만 아이 혼자 공부한 시간이 길수록 실력이 향상된다.

무엇보다 초등 시기 공부정서를 높이려면, 실력이 늘어나는 속도감을 느끼게 해주어야 한다. 그 과정이 좀 버겁지만, 모든 것을 극복해내고 높은 성취를 맛보는 아이는 공부정서가 높아진다.

주말에 한두 가지를 몰아서 3~4시간 정도씩 하게 하는 것이 좋다. 아이가 공부한 분량을 확인하고 꼭 칭찬해준다. 3시간 이상 집중하면 꽤 많은 분량을 할 수 있고 아이는 분량만으로도 성취감을 느낀다.

그럼 언제 아이를 쉬거나 놀게 할까

한 달에 한 번 정도 온전히 아무것도 하지 않는 날을 정해주면 된다. 아이에게 의견을 물어서 캠핑이나 여행을 가는 것도 좋다. 그냥 집에서 아무것도 하지 않고 자유롭게 지내게 해도 된다. 단, 주중이나 주말 동안 스스로 공부하겠다고 목표한 것들을 나름 잘 성취했을 때의 일이다.

주말 동안 아무것도 하게 하지 않는 건, 아이의 발달 과정에 계속 브레이크를 거는 것과 같다. 브레이크를 밟을 때와 가속페달을 밟을 때를 구분하자. 주말은 학습력에 있어 고속도로와 같다. 50미터 갈 때마다 신호등에 걸리는 것과 몇십 킬로미터를 쭉 달리는 것은 그 쾌감이 다르다. 공부도 속도를 올리면 쾌감이 느껴진다. 주말을 잘 활용하면 주중 5일 동안 간 거리보다 세 배는 더 멀리 간다.

21

적절한 보상으로 실행력을 높인다

초등 고학년만 되어도 문제집이 권당 200쪽을 쉽게 넘는다. 국어, 수학, 사회, 과학, 영어 이렇게 5권만 문제집을 푼다고 하면 어림잡아도 1,000쪽이다. 그냥 읽으면 되는 것이 아니다. 풀고 틀린 것은 다시 확인해야 한다. 중간중간 암기하고 유추하지 않으면 풀 수 없는 문제가 많다.

이 과정을 꾸준히 하는 아이는 사실 정말 힘든 일을 해낸 것이다. 아이에게 그깟 문제집 하나 못 푸냐고 핀잔할 일이 아니다. 오히려 적절한 보상을 해주어야 한다.

1권에 집중하고 과정과 결과가 눈에 보이게 한다

문제집을 사면 1권의 쪽수만큼 표를 만든다. 표에 전체 쪽수에 해당하는 숫자를 넣고 숫자 사이사이마다 보상을 마련한다. 보상은 작은 것이라도 자주 주는 것이 좋다. 성취감을 구체적으로 맛보게 하는 것이다. 1쪽을 풀 때마다 해당 숫자를 지우고 일정 분량을 채우면 선물을 받게 한다.

특히 공부정서를 높이기 위한 6개월 집중 단계라면 문제집을 동시에 여러 권 진행하지 않는 것이 좋다. 아이가 성취감을 느낄 만큼 속도감이 있으려면 1권의 문제집이 끝날 때까지는 그 1권에만 집중하게 한다. 아무리 많아도 동시에 2권을 초과해서 진행하지 않는다.

문제집 1권을 풀기 위한 표는 다음 페이지 예시와 같이 만들어 잘 보이는 곳에 붙여놓는다. 하나하나 ×표를 칠 때마다도 성취감을 얻고, 이 성취감이 공부정서를 키운다.

보상은 짧은 단위로 쪼갠다

예시에서는 수학 문제집 5쪽을 풀 때마다 보상을 넣었다. 초등 고학년(5~6학년)은 1시간 집중하면 5쪽 정도 푼다. 즉 아이가 한번 앉아서 1시간은 집중해 풀어야 보상을 받는 것이다.

예시 **나는 수학 문제집 1권을 모두 풀었다!**

문제집 제목:

1	2	3	4	5	500원	6	7	8	9	10	500원
11	12	13	14	15	500원	16	17	18	19	20	500원
21	22	23	24	25	500원	26	27	28	29	30	500원
31	32	33	34	35	500원	36	37	38	39	40	500원
41	42	43	44	45	500원	46	47	48	49	50	500원
51	52	53	54	55	500원	56	57	58	59	60	500원
61	62	63	64	65	500원	66	67	68	69	70	500원
71	72	73	74	75	500원	76	77	78	79	80	500원
81	82	83	84	85	500원	86	87	88	89	90	500원
91	92	93	94	95	500원	96	97	98	99	100	3000원

보상 방법

- 문제집 1쪽을 풀 때마다 해당 숫자에 엑스 표시를 한다(엑스 표시를 할 때마다 작은 성취감을 얻는다).
- 문제집 5쪽을 풀 때마다 500원을 받는다(500원을 받을 때마다 작은 성취감과 공부한 대가를 받아 공부하면 좋은 것이 생긴다는 정서가 형성된다).
- 1권을 끝내면 3,000원을 받는다(1권을 끝내는 어려운 일을 해냈기에 평소보다 몇 배 많은 보너스를 받는다. 성취감과 만족감을 얻고, 또 다른 문제집을 풀고 싶은 욕구가 생긴다).

보상은 즉각 이뤄지는 것이 가장 좋다. 보상 간극이 길수록 체감이 낮아지고 성취감이 무뎌진다. 가령 문제집 1권을 다 풀면, 표에 적힌 금액을 한 번에 주겠다고 하는 것과 결국 같은 금액이지만 5쪽 풀 때마다 지급하는 것은 초등 아이에게 큰 차이가 있다. 문제집을 모두 풀고 큰 금액을 주면 보상 횟수가 1회다. 하지만 5쪽 풀 때마다 적은 금액을 주면 보상 횟수가 20회다. 이게 중요하다. 20회 보상받으면 20회 칭찬 효과가 있다. 표 마지막 칸에는 금액이 3,000원으로 되어 있다. 앞에서 5쪽을 풀 때마다 500원씩 받던 금액의 여섯 배다. 일종의 보너스다. 1권을 다 끝냈다는 기쁨과 더불어 보너스 보상을 받으면 성취감이 배가 된다.

여기 나온 건 어디까지나 예시로 상황에 맞게 바꿀 수 있다. 우리 아이 실력에는 1시간에 3쪽 정도가 적당하다면 3쪽마다 보상을 한다. 돈보다 먹는 것을 좋아한다면 사이사이에 초콜릿이나 과자를 넣어도 된다(단 스마트폰 게임을 보상으로 주지는 않는다. 공부 시간보다 보상 시간이 더 길어진다).

초등 시기 공부 보상은 아이의 노고에 대한 존중이다

공부는 어려운 일이다. 당위성이나 의무만으로 의지를 자극하기에는 턱없이 부족하다. 적절한 자극이 필요하다. 과정이 눈에 보이고 중간중간 좋은 것을 받는 유인동기가 있을수록 자극이 된다. 이 자극은 지속력이 되고, 공부에 긍정적 정서를 갖게 한다. 뭔가 대단하고 원대한 의미를 심어주기보다 공부하면 좋은 것이 생긴다는 것을 알게 하면 된다.

초등 입학 전 엄마와 함께 책 보는 것이 즐겁다는 각인이 생기지 않은 아이에게 초등 이후 공부정서는 '보상'을 통해 동기부여된다. 그나마 작은 보상에도 솔깃하는 초등 시기에나 가능한 일이다. 중학생에게는 500원, 1,000원으로는 어림도 없다.

22

암기와 받아쓰기로 매일 성취감을 맛보게 한다

초등 시기 아이는 '암기 천재'에 가깝다. 아이큐가 150 이상이 아니라 평범한 100이어도 동시 한 편을 암기하는 데 5분이 걸리지 않는다. 사실 아이도 놀란다. 짧은 시간에 동시를 암송할 수 있을 거라고 본인도 예상하지 못했고, 그런 경험을 해보지 않았기 때문이다.

"자, 지금부터 3분 시간을 주겠습니다. 3분 뒤에 국어 교과서 85쪽에 나온 동시를 암송해야 합니다."

"선생님, 그게 어떻게 가능해요? 3분 만에 이 긴 동시를 어떻게 외워요?"

"할 수 있어요. 한 번도 해보지 않았을 뿐이에요. 이 동시를 2분 만에 외운 여러분 선배도 많았습니다. 오늘 그 기록을 깨기 바랍니다."

아이들은 2분 만에 암송한 선배가 있다는 말에 앞다투어 도전한다. 사실 2분이 아닌 1분 만에 한두 단어 정도 틀리고 거의 완벽하게 외운 아이도 있었다. 속도의 차이는 있지만 대부분 5분 정도면 한 편의 동시를 암송해낸다.

암기력을 이용하면 매일 성취감을 얻을 수 있다

요즘 창의력을 키워야 한다며 '암기'를 마치 교육에서 공공의 적(敵)인 것처럼 말하는데, 그렇지 않다. 아직 공부정서가 잡히지 않은 아이라면 '암기를 통한 성취 기회'를 자주 주는 것이 도움이 된다.

아이에게 20분을 주고 매일 5개의 영어 문장을 암송하게 해보자. 외우라고 말하고 끝내서는 아무 소용이 없다. 암송 카드를 만들어주고 엄마 앞에서, 아빠 앞에서 직접 암송하도록 만든다. 잘 마치면 칭찬한다. 이 과정을 통해 아이는 매일 성취감을 느끼고 한 학기 분량의 영어 문장을 암송할 수 있다.

이렇게 쌓인 실력은 더 많은 문장을 속도감 있게 읽게 하고 아이는 학교 영어 시간에 자신감을 갖고 발표한다.

초등 시기 암기는 큰 힘을 발휘한다. 창의력은 암기로 지식이 축적되었을 때 이를 활용해 무언가를 재구성하는 과정이다. 결국 모아둔 것이 없으면 창의력도 발휘할 수 없다.

적은 양이라도 매일 꾸준히 암기한 아이는 학습에 긍정적인 사고를 하며, 자신의 공부 역량을 스스로 객관화할 기준을 갖는다.

생애 첫 평가 받아쓰기, 저학년이라면 적극 활용한다

학습 자신감은 '초등 1학년 받아쓰기'에서 시작된다. 지금은 받아쓰기를 하지 않는 학교가 많지만, 초등 1학년 때 받아쓰기는 대다수 아이가 처음 맞이하는 공식적인 평가다. 어른은 받아쓰기를 중요하게 생각하지 않을 수 있지만, 초등 1학년 입장에서는 태어나서 처음으로 다른 아이와 비교하는 시험이 된다. 학습에 있어 '평가'는 무척 중요하다. 아이가 평가 결과에 따라 자신의 능력을 한정 짓기 때문이다.

학교에서 받아쓰기 시험을 본다고 하면 집에서 충분히 연습시킨다. 보통 내일 볼 받아쓰기 내용을 미리 알려주기에 집에서 연습만 해오면 된다. 일종의 암기다. 아이에게 암기하도록 알려주고 글자를 쓰는 과정을 옆에서 지켜봐 준다. 이 시기 받아쓰기에서 좋은 점수를 받은 아이는 다른 수업에서도 좋은 결과를 얻을 수 있다는 무의식적인 기준을 갖는다. 그래서 받아쓰기에서 받았던 점수보다 좋지 않은 결과가 나오면, 스스로 더 열심히 해야겠다는 동기를 부여받는다.

학교에서 받아쓰기 시험을 따로 보지 않는다면, 가정에서 국어 교과서를 가지고 평가해주자. 초등 1학년 시기는 한 번에 10개 정도의 문장으로 매일 하는 것이 좋으며, 마치면 잘했다는 칭찬을 덧붙인다. 저학년의 경우, 수업 중 바르게 글씨를 쓰고 수업 내용을 교과서에 적을 수 있는 아이의 학습성취가 높다. 그게 어려우면 교과서에 그림을 그리거나 낙서를 시작한다. 40분 수업 동안 쓸 수 있는 것이 없는 아이에게는 그나마 할 수 있는 최선이기 때문이다.

초등 저학년 받아쓰기가 아이가 살아가면서 치러야 할 많은 시험 중에서 차지하는 비중이 미미하다고 생각하면 큰 오산이다. 받아쓰기는 절대 무시해서는 안 될 공부정서 높이기의 중요한 과정이다. 생애 첫 평가를 쉽게 생각하지 말자.

23

레벨 테스트를 적극 활용한다

레벨 테스트는 학습 결과에 대한 객관적 지표로, 현재 우리 아이의 학습성취 정도를 가시화시켜주기에 필수적이다.

현재 공립초등학교에서는 중간고사, 기말고사를 거의 보지 않는다. 수학 경진대회도 대부분 없어지는 추세다. 취지는 아이가 학습 스트레스를 받지 않게 하기 위함이다. 학습성취 평가를 없애는 대신 수행평가를 통해 아이의 협업 능력을 파악하고 결과가 아닌 과정을 중시하는 교육을 지향한다. 문제는 거기까지만 한다는 데 있다.

초등학교가 지나고 중학교에 진학하면 갑자기 2학년 때 중간고사를 치른다. 초등 6년 동안 수행평가만 접하던 아이에게 다시 학습성취 위주의 평가를 들이민다. 누구보다 학부모가 이러한 사실을 잘 안다.

초등 시기 학원에서는 레벨 테스트로 아이들을 평가한다. 하지만 아이가 학원에 다니지 않으면 중학교 학습성취 평가 형식의 시험을 접해볼 기회가 없어진 것이다.

거꾸로 되어야 한다

초등은 열린 사고를 하는 시기가 아니다. 사고 자체가 '자기중심적'이기에 지식 습득이 먼저다. 다양한 지식이 체득되어야 그 뒤에 그것들을 가지고 열린 사고를 시도할 수 있다. 아무것도 없는 빈 상태인 초등에 창의력을 강조하고, 중등 시기에 암기 위주의 중간, 기말고사를 본다. 이건 거꾸로 기획된 교육 과정이다.

아이에게 지식의 축적이 어느 정도 되었는지 알아보려면 평가가 필요하다. 그래서 사립초등학교는 구시대 유물처럼 보이는 국어, 수학, 과학, 사회, 영어 학습성취 평가를 고수한다. 왜 그들은 지금도 수학경시대회를 할까?

첫째, 학부모가 평가를 원한다. 우리 아이의 현재 실력을 파악해야 그다음 수준을 가르칠 수 있기 때문이다.

둘째, 과정 평가만으로는 아이의 현재 지식 습득 정도를 객관화하기 어렵다. 특히 암기가 필요한 사회와 과학 용어들, 국어책에 나온 다양한 어휘들, 수학 개념은 객관적 평가가 더 신뢰도가 높다.

셋째, 객관식 시험은 찍기 시험이기에 아이의 사고력을 현저히 낮춘다고 생각하는 경향이 있지만 그 반대다. 아이는 4~5개의 다른 경우가 있을 때 비로소 사고를 시작한다. 하나하나 접목하면서 옳은지 그른지 판단하는 사고가 가능하다. 객관식이 아닌 줄글 형식의 서술형 주관식은 아이가 어디에서부터 출발해야 할지를 모르게 하고 결국 전반적으로 나는 모른다는 생각이 더 각인된다.

공부 스트레스를 없애야 한다는 강한 압박도 일종의 강박이다. 우리의 뇌는 원래 게으르다. 많은 에너지를 소비하는 신체 기관이기 때문에 최대한 에너지를 덜 쓰려는 성질이 있다. 그런 성질을 가진 뇌를 활용해 학습하려는 과정에는 당연히 스트레스가 수반된다. 스트레스가 없이 공부할 수 있다는 생각은 버리는 것이 좋다. 단, 스트레스를 견디거나 스트레스가 아닌 좋은 것이라는 정서를 갖게 하는 것은 가능하다. 그런 아이의 공부정서가 좋다.

가정에서 적당한 간격으로 평가를 시행한다

아이에게 미리 언제 어떤 교과서 몇 단원을 엄마와 함께 평가하자고 알려준다. 지필 평가와 말하기 평가를 동시에 하면 좋다. 지필 평가는 시중 문제집을 활용한다. 말하기 평가는 엄마나 아빠가 교과서 내용을 가지고 관련 내용을 물어본다. 그 정도만 해도 우리 아이의 객관적 어휘력, 수학적 사고력, 과학적 이해력을 파악할 수 있다.

평가를 두려워하지 말자. 평가 없이 그냥 감으로 '잘하고 있겠지' 생각하는 것을 두려워해야 한다. 우리 아이가 생각보다 모르거나, 엉뚱하게 이해하고 있을 가능성이 높다. 평가는 방향을 수정해주는 좋은 도구다.

24

바쁜 부모라면 스마트 학습관리를 이용한다

온라인 플랫폼을 활용해 자녀의 학습을 돕는 것을 '스마트 학습관리'라고 한다. 대표적으로 '클래스팅' '구글 클래스룸'이 있는데 많은 학부모가 학교에서만 사용하는 걸로 알지만 가정에서도 자녀 학습관리에 활용할 수 있다.

구글 계정을 만들고 구글 검색창에 클래스룸을 친 다음 자녀 학습을 관리할 교실 개설하기를 실행해보자. 자녀가 2명이면 각 자녀의 이름으로 교실을 개설할 수도 있다. 실제 엄마는 첫째 아이를 위한 교실을 만들고, 아빠는 둘째 아이를 위한 교실을 만들어 따로 관리하는 학부모도 있다.

스마트 기기 활용이 엄마 아빠에게 부담될 수도 있다. 하지만 유튜브에서 구글 클래스룸 운영 방법을 검색하면, 가입부터 클래스룸 만들기, 운영 방법 등을 쉽게 배울 수 있다. 또는 구글 클래스룸 관련 유료 강연을 듣는 것도 도움이 된다. 대부분 학교 교사를 위한 운영법이지만, 가정에서도 다양하게 적용이 가능하다. 일단 집에서 과제를 내주고 검사하는 것부터 시작하고, 하나씩 추가 기능을 사용해보기를 권한다.

바쁜 부모도 옆에 있듯이 피드백을 해줄 수 있다

특히 맞벌이 부모 입장에서 스마트 학습관리는 큰 장점을 가진다. 엄마 아빠가 숙제를 내고 언제 어디서든 검사할 수 있기 때문이다. 예를 들어 우리 아이가 수학 연산 능력이 부족해 연산 문제집을 풀게 하려 하지만, 매일 저녁 직접 검사해주는 게 쉽지 않다. 저녁 늦게 퇴근하고 집에 오면 엄마 아빠도 힘들기 때문이다.

이럴 때는 주말에 시간이 될 때, 클래스룸에 매일 풀어야 할 양만큼 월요일 수학 숙제, 화요일 수학 숙제… 이렇게 이름을 붙여 일주일 분량을 과제로 올린다. 아이는 당일 클래스룸에 들어가 엄마가 올려놓은 연산 문제를 풀면 되고 엄마는 회사에서 휴식 시간이나 퇴근 시 지하철에서 숙제를 했는지 안 했는지 확인할 수 있다. 정답을 올려놓으면 클래스룸에서 자동 채점까지 되어 아이가 어떤 문제를 틀렸는지 바로 확인이 가능하다. 엄마는 그날 과제에 몇 번 문제는 다시 풀어서 올리라고 하거나 칭찬, 응원, 사랑의 댓글을 달 수 있다.

과제에 여러 기능을 설정해놓으면 더 편리하다. 숙제 마감날과 시간을 정해놓고 사회, 과학 등 교과 수업 관련 중요 내용이나 영어단어를 퀴즈 형식으로 올려놓으면 바로바로 채점되어 아이가 실시간으로 점수 피드백을 받을 수 있다. 퀴즈를 맞혀 딴 포인트가 일정 점수가 되면 엄마가 보상을 해주는 방법으로 운영할 수도 있다.

서술형 글쓰기 실력을 올리는 데도 효율적이다

구글 클래스룸은 긴 서술형 과제를 내는 데도 유용하다. 과제로 써야 할 주제와 분량을 정해 월요일 글쓰기, 화요일 글쓰기… 이렇게 숙제를 올려준다. 아이가 클래스룸에서 직접 구글 문서로 작성해 제출하면 엄마는 읽고 틀린 단어를 고쳐주면 된다. 아이가 쓴 이 문장을 이렇게 바꾸는 것이 좋겠다는 내용도 댓글로 달아줄 수 있다. 아이는 엄마가 어떤 단어를 고쳐주었는지 보고 자신의 문장을 다듬으면 된다.

또 방학 때 가정 체험학습으로 경주를 다녀왔다면 사진을 첨부해 간략한 보고서 형식으로 여행기를 써보게 하자. 꾸준히 여행기를 정리하면 글쓰기 실력이 늘고 나중에 다시 보고 그때의 즐거움도 되새길 수 있다.

스마트한 소통으로 정서 유대감을 높인다

클래스룸 플랫폼 활용은 꼭 학습력을 높이는 데 국한되지 않는다. 정서적 유대감을 높일 수도 있다. 엄마가 자녀에게 책을 읽어주고 싶지만 환경적으로 할 수 없을 때, 엄마 음성으로 녹음해서 구글 클래스룸 과제에 그 음성파일을 올려놓자. 그러면 아이는 엄마가 늦게 오는 날 또는 출장 가는 날 구글 클래스룸에서 엄마 목소리로 녹음한 동화책 이야기를 들을 수 있다.

동영상으로 아이에게 하고 싶은 말을 녹화해서 올려놓아도 좋다. 아이는 숙제인 줄 알고 열었는데, 엄마가 보내준 영상 편지를 받는다. 이 밖에도 평소 아이의 마음을 잘 모르겠고, 대화가 어색할 때 가족 간 소통 공간이나 대화 창구로 이용할 수도 있다.

구글 클래스룸에서 엄마 아빠가 자녀에게 궁금한 사항을 설문조사 체크리스트 형식으로 만들어서 물어보자. 몇 가지 질문 리스트를 만들어서 엄마 만족도 조사를 해보는 건 어떨까?(엄마가 해주는 음식 중에 가장 맛있는 것은? 맛없는 것은? 엄마 말 표현 중에 가장 좋은 것은? 가장 듣기 싫은 말 표현은?)

자녀에게 설문조사를 한다는 것이 낯설게 느껴질 수도 있지만 자녀의 생각을 나름 객관적으로 들어보려는 시도는 정서적 신뢰감을 높인다. 또 엄마 아빠가 일상의 생활 중에 알려주고 싶은 상식이나 에티켓 같은 것들을 퀴즈로 내고, 매일 한두 가지씩 풀게 하는 것도 좋은 소통 교육이다.

한번 시도해보기를 권한다. 시간과 공간의 제약을 넘어 자녀를 돌보는 새로운 지평을 마련할 수 있다.

단, 스마트 플랫폼 활용 시 주의할 점이 있다. 기기 관리를 철저히 하고 유해 차단 프로그램을 꼭 깔아주어야 한다는 것이다.

공부정서
톡톡
4

아이를 앞서나가게 하는 자신감

Q 요즘 주변을 둘러보면 자녀가 자신감이 없다고 걱정하는 분이 많더라고요.

A 학부모 상담 중에도 그런 분들을 많이 만나는데 하시는 말씀을 자세히 들어보면 실제로는 아이의 '자신감 부족'보다 오히려 반대의 경우를 더 심각하게 여깁니다.

Q 네? 반대라면 '자신감 넘치는 아이'를 더 걱정한다는 건가요?

A 네, 우리 학부모님은 '자신감이 없는 것은 문제다, 그런데 자신감 있는 모습을 보이는 건 더 큰 문제다'라고 생각합니다.

무의식중에 우리 아이가 자신감 있는 모습을 드러내는 걸 경계합니다. 왠지 튈 것 같고, 겸손하지 못한 것 같고, 욕심 많은 아이로 보일 것 같아서 그냥 자기 할 일을 묵묵히 잘해내기를 바라시죠.

Q 의외네요. 그럼 아이들은 학급에서 어떤 모습을 보이나요? 자신감을 잘 드러내나요?

A 아이도 똑같습니다. 자신감 관련 질문을 교실에서 하면 대부분 비슷한 반응이 나옵니다.

"내가 축구를 잘한다고 생각하는 사람, 손들어보세요."

혹은 미술이나 공부에 자신 있다고 생각하는 사람을 물어도 아이들은 손을 잘 안 듭니다. 대신 아이들의 눈빛이 한 아이에게로 향하죠. 그 반에서 축구를 제일 잘하는, 그림을 제일 잘 그리는, 수학 문제를 제일 잘 푸는 아이에게 시선을 던져요.

'너잖아, 너야.' 이런 의미예요. 이게 우리 아이들이 보여주는 '자신감'의 현 모습입니다. 반에서 제일 잘하는 아이도 자신이 잘한다는 자신감을 드러내지 않습니다. 그나마 1학년 때는 번쩍 손드는 아이가 몇 명 있습니다. 그런데 학년이 올라갈수록 '자신 있게'라는 표현에 '자신 있게' 손드는 아이가 없어집니다. 정말 잘하는 아이도 말이죠. '음… 쪼금 잘해요, 그럭저럭 좀 해요' 하는 게 최대 표현입니다.

Q 자신감 있고 당당한 아이로 키우고 싶은 게 부모 마음 아닐까 싶은데, 진짜 자신감은 속으로 간직하고 겉으로는 잘 드러내지 않는 걸 좋아한다는 건가요?

A 예, 맞아요. 그걸 참 좋게 평가하죠. 문제는 이에 익숙하고 미덕으로 생각하는 환경에서 성장한 '잘하는 아이'가 자신은 그렇게 잘하지 않는다고 생각하는 경향을 보인다는 거예요. 그래서 기회가 왔을 때 부족하다며 손을 들지 않습니다. 더 배워야 하고 아직은 때가 아니라고 스스로 판단 내려요. 그래서 틀려도 괜찮으니까 잘못해도 괜찮으니까 실패해도 되니 한번 시도하라고 해도 자신감 없는 모습으로 도전하지 않습니다. 물론 이런 모습도 장점은 있습니다. 그 장점 때문에 지금까지 이런 망설이는 모습이 미덕으로 교육되어왔고요.

Q 어떤 장점인가요?

A 자기계발을 철저히 해나가는 모습을 보일 수 있었던 거죠. 마치 수련을 하듯 실력을 쌓아나가는 데는 도움이 됩니다.

그런데 세상이 이전과는 달라졌습니다. 이제 한 사람의 뛰어난 역량만으로 상황을 콘트롤하는 시대가 아닙니다. 갈수록 협업이 요구됩니다. 그것도 상하구조가 아니라 수평적 위치에서의 협업입니다. 각자 자신이 가진 것을 꺼내놓고 그중 서로 필요한 것을 공유해야 발전할 수 있습니다.

Q 탁월하게 잘하지 않더라도 내가 할 수 있는 걸 드러내는 게 중요하다는 거네요.

A 예, 할 수 있는 만큼만 드러내면 된다는 게 기본 '자신감'으로 자리 잡아야 합니다. "잘해! 자신 있게!" 이렇게 표현하시지 말고 "네가 할 수 있는 만큼 해! 자신 있게!"라고 해야 합니다. 누구든지 자기가 할 수 있는 만큼은 다 있습니다.

모둠 작업에서 높은 성취를 보이는 모둠의 모둠원은 자신이 가진 걸 꺼내놓습니다. 아이들은 활발하게 협동하면서 멋진 결과를 만들어냅니다. 이렇게 개방적인 아이가 결과적으로 공부정서를 높입니다. 성취감을 자주 느끼기 때문이죠.

Q 어떻게 하면 우리 아이가 자기를 더 잘 드러낼 수 있을까요?

A 주사위 '보드게임'을 아이와 같이하시면 좋습니다. '보드

게임'이 실력으로 이기는 것 같지만 주사위라는 '운'이 들어 있거든요. 실력과 운이 공존하는 놀이, 그것이 실제 세상과 가장 흡사합니다. 지혜로운 우리 조상은 윷놀이를 온 가족이 함께했죠. 그러면 30명 한 반 아이 중에 1등뿐 아니라 나머지 29명의 아이도 자신 있게 계속 도전하게 됩니다. 내가 잘하는 어떤 부문에서는 열심히 하면 충분히 재미있게 즐기고 성과를 올릴 수 있다는 마음이 생기니까요.

최선을 다하는 자신감은 실력에서 나오는 게 아니라 더불어 '운'이 작용하는 세상에서 나옵니다. 이렇게 형성된 자신감은 공부정서에 긍정적인 영향을 줍니다. 이 아이는 1등을 위해서가 아니라, 언젠가는 도착하게 될 성취감이라는 목표를 향해 공부하죠.

핵심 개념 정리

1. 큰 소리로 말해본다. 손으로 적어보면 더 효과가 좋다. "우리 아이 공부정서를 높일 수 있다!" 엄마가 이렇게 믿고 다짐하지 않는다면, 우리 아이의 공부정서는 키울 수 없다.

2. 이미 공부정서가 부정적인 초등 중학년 이상 아이는 공부라는 뉘앙스의 단어만 들어도 곧바로 '저항' 수순으로 들어간다. 이런 아이라면 저항감을 낮추며 작은 실천부터 해야 한다.

3. 공부정서가 있는 아이의 부모는 책을 주면서 '읽어라'라고 하지 않았다. 문제집을 주면서 '풀어라'라고 하지 않았다. 거실에서 책을 같이 읽고, 거실에서 어려운 문제를 풀 때 도와주었다.

4. 공부정서가 좋은 아이는 '글자'를 본다. 공부정서가 좋지 않은 아이는 '영상'을 본다. 영상은 공부가 아니다. 이미지에 길들여진 아이는 그냥 영상을 소비할 뿐이다.

5. 아이마다 환경과 성향이 다르지만 습관화 기간을 너무 길게 잡지 않아야 한다. 구체적인 작은 목표를 한 달에서 두 달 단위로 세우고, 그 목표를 이루기 위한 최단거리를 찾는다.

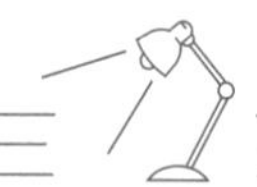

핵심 개념 정리

6. 네가 좀 스스로 알아서 하라는 말은 하지 않는다. 구체적으로 어떻게 스스로 해야 하는지 옆에서 하나씩 코칭하지 않는 이상, 아이는 모른다. 모르는 게 당연하다.

7. 공부정서를 높이기 위한 6개월 집중 단계라면 문제집을 동시에 여러 권 진행하지 않는다. 아이가 성취감을 느낄 만큼 속도감이 있으려면 끝낼 때까지 그 1권에만 집중하게 한다.

8. 공부는 어려운 일이라 적절한 자극이 필요하다. 과정이 눈에 보이고 중간중간 좋은 것을 받는 유인동기가 있을수록 자극이 된다. 이는 지속력이 되고 공부에 긍정적 정서를 갖게 한다.

9. 초등 시기 암기는 큰 힘을 발휘한다. 창의력은 암기로 지식이 축적되었을 때 이를 활용해 무언가를 재구성하는 과정이다. 결국 모아둔 것이 없으면 창의력도 발휘할 수 없다.

10. 초등 저학년 받아쓰기가 아이가 살아가면서 치러야 할 많은 시험 중에서 차지하는 비중이 매우 미미하다고 생각하면 큰 오산이다. 생애 첫 평가를 절대 쉽게 생각하지 말자.

11. 평가를 두려워하지 말자. 평가 없이 그냥 감으로 '잘하고 있겠지' 생각하는 것을 두려워해야 한다. 우리 아이가 생각보다 모르거나, 엉뚱하게 이해하고 있을 가능성이 높다.

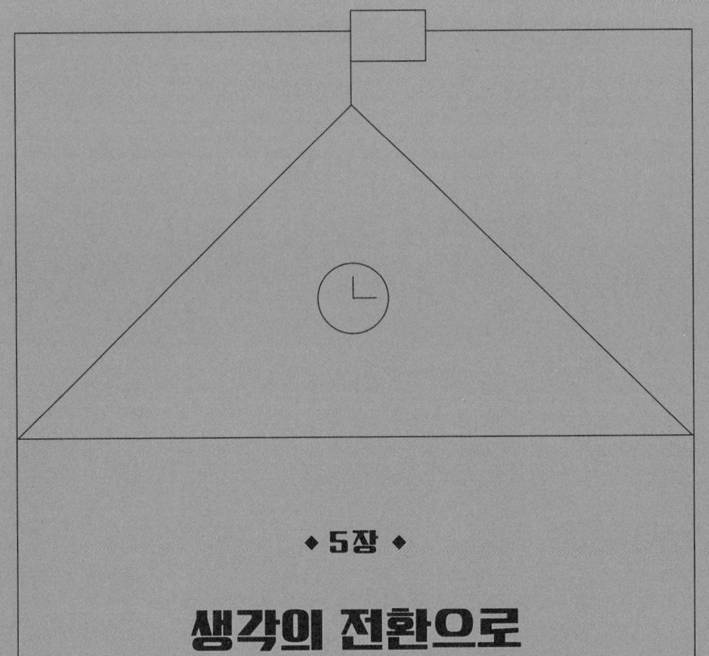

◆ 5장 ◆

생각의 전환으로 공부정서에 날개를 달자

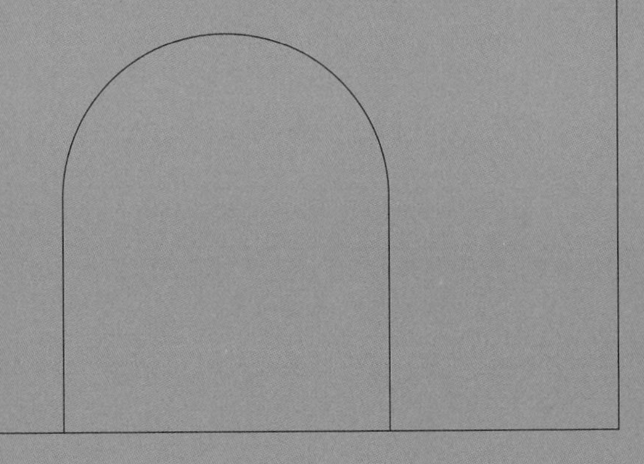

25

수학정서, 계산보다 생각이 먼저다

2016년에 교육부와 통계청이 공동으로 2회에 걸쳐서 초중고 1,483개교, 4만 3,000명의 학부모를 대상으로 사교육비 조사를 했다. 그 결과 사교육비 비중이 가장 높은 과목은 영어였고 두 번째가 수학이었다. 그런데 둘의 차이는 아주 근소해 영어는 5.5조, 수학은 5.4조의 사교육비가 지출되었다. 3위 국어가 1.1조인 것을 볼 때, 교과목 중에서 외국어가 아닌 과목으로는 수학의 비중이 가장 높다.

수학은 입시에서 중요하고, 또 가정에서 직접 가르치기 어려운 과목이라는 인식이 강하며, 수학만큼은 선행학습을 시키지 않으면 나중에 따라갈 수 없다는 의식이 팽배하기 때문이다. 사립초등학교 교실에서 초등 6학년 담임이 되면, 쉬는 시간이나 점심시간에 중학교 3학년 문제집을 펼쳐놓고 학원 숙제를 하느라 정신없는 아이를 보는 게 그리 낯설지 않다. 그래서 초등학생 때부터 수학에 질려 벌써 수학을 포기하는 아이도 생기는데 포기하지 않고 아이가 수학을 즐기게 하려면 일단 학부모부터 수학에 대한 인식을 바꿔야 한다.

수학은 푸는 게 아니라 약속이다

대부분 수학은 푸는 것이라고 생각하는데 이렇게 접근하면 아이 입장에서 수학 교과에 대한 정서가 좋아질 수 없다. 새로운 약속이라는 인식으로 접근해야 기대감이 생긴다.

덧셈뺄셈이라는 용어도 결국은 숫자를 합하자, 숫자를 덜어내자 하는 약속이다. 심지어 1, 2, 3, 4라는 숫자도 마찬가지다. 하나를 1로 하자고 약속한 거다. 수학은 배우면 배울수록 약속의 연속이라고 할 수 있다. 수학을 즐기고 잘하려면 이러한 약속을 놓치지 말아야 한다. 약속을 등한시하고 푸는 데만 집중하면 수학은 싫어질 수밖에 없다.

학교에서 수학 영재라고 불리는 아이는 정말 수학을 즐기는데 그런 아이는 수학 문제를 보면 바로 연필을 들고 계산하지 않는다. 여유 있게 생각부터 한다. 암산으로 푼다는 말이 아니라 주어진 문제에서 약속된 수학 용어가 어떻게 서로 연결되는지 찾으려 한다. 내 자녀가 수학에 정말 흥미를 못 느낀다면, 일단 푸는 걸 멈추게 하고 수학 용어만 가지고 대화를 나누는 것부터 해야 한다.

이게 도대체 무슨 소리인가 모르겠는가? 예를 들어보겠다. 초등 수학 4학년에 소수의 덧셈이 나온다. 그리고 이렇게 약속을 한다.

분수 100분의 1을 소수로 0.01이라 쓰고 영점영일이라고 읽는다.

이 약속으로 분수 100분의 1과 0.01은 같은 것이라고 규정한다. 이때 자녀에게 그렇다면 분수 100분의 1이 무엇인지 물어보자. '전체를 똑같이 100으로 나눈 것 중에 1개'라고 대답하지 못한다면 전 단계인 3학년 수학책을 펼쳐놓고 교과서에 나온 분수의 약속을 다시 되짚어주어야 한다. 그렇지 않고 그저 0.01이라는 소수를 쓰고 소수점에 맞추어 덧셈을 연습하는 것은 아무 의미가 없다. 지겹기만 할 뿐이다.

수학은 약속을 잘 기억하고 실행에 옮기느냐가 관건으로 그런 접근법으로 수학을 마주해야 한다. 문제를 많이 푸는 것은 나중이다. 먼저 문제에 제시된 수학 용어의 약속을 확실히 아는지 하나씩 되짚어보아야 한다.

마치 수수께끼 풀듯이 즐겨야 한다

이렇게 하면 수학 문제를 푸는 시간이 너무 오래 걸리지 않을까 걱정할 수도 있다. 학부모도 그 약속을 정확히 모르는 경우 또한 생길 수 있다. 이때 1~6학년 수학책을 다 쌓아놓고 들춰볼 필요는 없다. 요즘 좋은 수학책들이 많이 나와 있다. 그중 수학 용어 개념의 약속들만 모아놓은 책이 있다. 수학 문제를 읽을 때 그 책을 옆에 놓고 문제 풀이를 잘 모르겠으면 답안지를 보는 게 아니라 수학 용어책을 펼쳐서 의미를 다시 몇 번씩 되뇌는 작업이 필요하다.

수학 문제를 풀다 보면 다 한글로 적혀 있어서 문제를 이해했다는 착각을 하는데 사실 많은 아이가 그렇지 못하다. 문제가 잘 이해가 안 될 때는 영어를 공부할 때 영어사전을 들추듯 수학 용어 개념을 다시 찾아 읽어야 한다. 천천히 가는 듯해도, 이런 식으로 한 문제를 스스로 풀어내면 그 맛을 잊을 수가 없다. 그렇게 수학을 공부한 아이는 점점 더 어려운 수학을 배워도 두려워하거나 포기하지 않는다. 문제에 나온 수학 용어를 하나씩 되짚으면 풀린다는 것을 경험했기 때문이다.

오히려 문제를 풀지 못하고 기다리게 해라

그래도 시험에서는 빨리 풀어야 하는데 문제 푸는 연습은 언제 해야 하는가 물어오는 부모가 있다. 빨리 풀어버리고 싶다는 마음이 들 정도로 기다리게 해야 한다. 예를 들어, 어떤 문제를 보고 몇 단원 무슨 약속을 가지고 풀어야 하는지 말하게 한다. 이때 자녀가 '이 문제는 수학 3단원 다각형에서 사다리꼴에 대한 약속을 가지고 풀어야 해요. 사다리꼴은 마주 보는 한 쌍의 변이 서로 평행한 사각형을 말해요'라고 대답하면 그때 연필을 들고 풀게 해야 한다. 그 대답을 하지 못하면 풀게 해서는 안 된다. 기다리게 해야 한다. 그런 아이는 시험을 기다린다, 마음껏 풀 수 있으니까.

초등 시기에 익혀야 하는 일반적인 덧셈, 뺄셈, 곱셈, 나눗셈의 사칙연산은 학년이 올라갈수록 숫자가 점점 더 커진다.

그것 말고 기본 개념은 변함이 없으니 사칙연산 기본 개념이 확실하게 잡혔다고 판단되면 그때는 점차 숫자를 키워가면서 연습하게 한다. 사칙연산은 노력에 비례해서 능력이 향상되는 것이 눈에 확연히 보인다. 그걸 이용하면 좋다.

예를 들어 8×7과 같은 한 자릿수 곱셈을 20개 풀게 하고 시간을 잰다. 처음에는 시간이 오래 걸리지만 사나흘이 지나면 풀이 시간이 단축된다. 그때 칭찬을 듬뿍 해주자. 충분히 빨라졌다고 생각되면 두 자릿수 곱셈을 같은 방법으로 시킨다. 풀수록 빨라지는 성취감에 의외로 아이는 즐거워한다. 그냥 '하루에 무조건 최소 3장씩 풀어!'라고 해놓고 답안지로 채점하고 끝내면 지루함의 연속일 뿐이다.

마지막으로 자녀가 수학을 즐기게 하려는 학부모께 노벨 물리학상을 수상한 리처드 파인먼의 말을 전하고 싶다.

"저는 문제를 풀지 않았습니다. 문제를 느꼈습니다."

26

과학정서, 실험으로 호기심을 높이자

대다수 부모는 과학을 좋아하는 아이가 그리 많지 않을 것이라고 여기는데 우리 생각보다 훨씬 좋아한다. 약 3년 전, 한 인터넷 가정학습 사이트에서 3~6학년 학생 1만 9,487명을 대상으로 조사했는데 놀랍게도 그중 48퍼센트가 '과학'을 가장 좋아하는 과목이라고 했다.

초등학생 중 절반가량은 과학을 좋아한다는 건데 사실 나도 그 설문 결과를 보고 반신반의했다. 학급에서 대다수 초등 아이가 가장 좋아하는 시간은 '체육'이라고 느꼈기 때문이다.

그래서 우리 반에서 간단히 손을 들게 해 좋아하는 교과목을 조사했다. 그랬더니 30퍼센트 넘게 과학에 손을 들었다. '과학이 왜 좋은지' 물어보고는 바로 이해했다.

"과학은 실험하잖아요."

과학 시간 직전 쉬는 시간에 아이들은 늘 오늘 실험하냐고 물어보는데 아이들은 '실험'을 신기해한다. 실험하는 과정에서 아이가 진로를 결정하는 경우도 많다.

보통 초등 과학 실험은 물리, 화학, 생물, 지구과학 중 우리 생활과 연관된 기본 원리를 배우는 데 초점을 두고 진행한다. 5학년 때는 온도가 높은 곳에서 낮은 곳으로 열이 이동하는 것을 실험을 통해 배우고 어떻게 하면 열 이동을 막을지 고민하게 한다. 바로 단열이다. 몇 가지 재료를 주고 단열이 되는 모형 집을 만들어보게 하는데 생각보다 단열이 잘 안 된다. 그 과정에서 보다 효과적인 단열재를 만들고 싶다, 모형이 아닌 진짜 집을 만들어보고 싶다, 이런 실험을 하는 과학자가 되고 싶다 등으로 꿈이 생기는 것이다.

집에서 실험하는 환경을 만들어주자

인터넷에서 '집에서 하는 초등 실험'이라고 검색하면 다양한 책을 볼 수 있다. 가능하면 아이와 함께 서점에 가서 직접 내용을 보고 '이 정도 실험이면 우리 집에서도 가능하겠네' 싶은 걸 고르자. 그 과정 자체만으로 아이의 과학정서가 좋아진다.

가정에서 과학 실험을 할 때 엄마나 아빠의 설명이 너무 많아져서는 안 된다. 실험을 통해 아이에게서 '아!' 하는 탄성이 나오게 해야 한다. 그런데 부모는 자꾸 시험에 나오는 중요한 이론을 설명하려 한다. 이론 설명은 최소한, 그리고 스스로 실험하는 과정을 즐기도록 충분한 시간을 주는 것이 좋다.

또 하나 중요한 게 실험 결과를 바꾸지 않는 것이다. 실험을 하면 예상한 결과와 다르게 나올 수 있다. 과정에서 뭔가를 잘못한 건데 이럴 때 부모님은 이 실험은 잘못된 거야, 원래 답은 이거야 하면서 알려준다. 그러지 말고, 실험일지에는 진짜 실험한 결과를 적게 해주어야 한다.

물론 잘못된 과학지식을 갖지 않도록 같은 실험을 다시 천천히 반복하게 해준다. 실험을 또 하면 결과가 다르게 나온다. 그 순간이 아주 중요하다. 왜 결과가 다를까를 고민하다가 원인을 발견한다.

'아, 내가 아까는 건전지의 극을 반대로 했구나.'

이 순간이 과학정서의 절정을 느끼게 해준다. 오히려 잘못된 실험이 더 도움이 된다.

부모의 한숨 소리가 여기까지 들리는 것 같은데 그렇다고 너무 어렵게만 생각하지 않으면 좋겠다. 실험도구를 주고 적당한 거리에서 안전사항만 체크하면 나머지는 아이가 다 알아서 한다. 가능하면 학교에서 배우는 실험을 똑같이 미리 하기보다, 과학 교과 진도와 상관없이 아이의 호기심에 따른 실험을 하도록 해주면 좋다. 아이가 과학도의 꿈을 더없이 잘 펼칠 수 있다.

언젠가 대한민국에서 과학 분야 노벨상을 타는 게 어렵지 않은 일이 되었으면 좋겠다. 우리 아이에게는 그럴 만한 잠재적 능력이 충분하다.

27

초등 문제집 똑똑하게 고르자

우리 때야 그냥 '전과'라고 불린 것을 열심히 풀면 되었지만 지금은 출판사별, 과목별, 난이도별 문제집의 선택지가 다양하다. 어떤 기준으로 고르고 어떤 과정으로 문제집을 풀리면 좋을까?

일단 과목별 '기본서'가 있다. 기본 내용이 상세히 설명되고 확인 문제가 있다. 기본서 다음은 '심화서'로 이론 설명이 있지만 큰 줄기 정도만 알려주고 바로 복잡한 응용문제가 나온다. 마지막으로 '총정리' 문제집으로 보통 모의고사형 문제집인데 초등의 경우 국·수·사·과 문제가 한 문제집에 다 모여 있다.

초등 학부모가 가장 많이 시키는 문제집은 수학

학원이 아니라 집에서 공부하는 아이를 위해 수학 문제집 고르기부터 학습 방법까지를 좀 상세히 설명하겠다. 수학은 기본서, 심화서, 연산 문제집 이렇게 크게 세 종류로 나뉜다. 총정리 문제집까지 하면 네 종류이지만, 여기까지 하라고 권하지는 않는다.

수학은 많이 푸는 것보다 적당히 푸는 것이 좋다. 일단 기본서 1권을 추천하는데 어떤 것이든 상관없다. 시중에 나온 어지간한 대형 출판사의 기본서는 크게 차이가 없다. 중요한 건 기본서를 본인이 직접 끝까지 풀어보는 경험이다. 대부분 적당히 풀다가 갑자기 학원 심화 문제집을 푼다. 어차피 심화 문제집에도 이론 설명이 조금 있으니까 그거 보고 몇 권 풀려고 하는데 이게 딱 수학이 싫어지게 되는 수순이다. 기본서, 심화 문제집 1권씩이면 한 학기 수학 공부 분량은 충분하다.

연산 문제집은 동시에 매일 1장씩 정도 한다. 계산 과정에서의 실수를 줄이기 위한 목적이니 시간제한을 두고 빠르게 풀도록 연습시킨다. 연산 문제집 1장 정도를 10~20분 안에 매일 꾸준히 하는 걸 목표로 한다. 그 이상 시키면 정말 수학을 싫어한다.

꾸준히 하는 아이라서 이걸로는 양이 모자랄 것 같으면 나는 망설이지 말고 다음 학기 또는 다음 학년 문제집을 사서 공부시키라고 권한다. 좀 더 완벽하게 익힌 후 다음 학기로 넘어가야 하지 않나 욕심낼 필요가 없다. 같은 수준의 문제집을 완전하게 한다고 더 풀면 본인이 뭘 모르는지 잘 모른다. 일단 다음 단계로 가면, 어느 부분이 부족한지가 보이니 그때 다시 기본 문제집 풀었던 걸 꺼내서 그 부분만 집중해서 보면 된다.

성취감 면에서도 다음 문제집으로 가는 것이 좋다. 스스로 기본, 심화를 풀고 다음 단계로 넘어갔을 때 과정은 힘들었지만 뿌듯함을 느낀다. 그 힘이 다음 단계 문제집을 푸는 데 도움이 된다.

책 읽는 것이 기본, 국어는 얇은 문제집을 푼다

국어는 기본형과 서술형이 있는데 서술형이 일종의 심화서다. 나는 국어 문제집은 가급적 얇은 걸 추천한다. 사실 초등 시기는 국어 문제집을 푸는 데 시간을 쓰기보다 독서량에 더 중점을 두는 것이 좋다. 문제 유형에 익숙해지는 정도는 필요하기에 문제집을 푸는 것이다. 그래서 최대한 빨리 끝낼 수 있는 문제 풀이형으로 총정리형 문제집을 훑듯이 해도 된다.

보통 서술형 국어 문제집은 수행평가 대비용인데 글을 주고 그 내용에 대해 몇 개의 질문이 이어진다. 3~4학년이라면 답으로 3~5줄 정도, 5~6학년은 5줄 이상부터 반쪽 정도를 요구한다. 서술형 문제라고 해서 생각보다 많은 글을 쓰는 게 아니다. 핵심은 정해진 분량 안에 문제가 요구하는 바를 다 써야 한다는 것이다. 어떤 주장이라면 근거가 두세 가지 들어가야 하고 이야기를 바꾸는 거라면, 결말까지 완결해야 한다. 초등 고학년이라면 평소 공책 1장 정도의 스토리를 매일 쓰게 하는 게 도움이 된다.

사회, 과학 문제집은 두꺼운 기본 문제집 1권만

'사회, 과학 문제집을 풀어야 하나요?'라고 물어보는 학부모도 있는데 영어랑 수학 문제집 풀기에도 바쁘다고 느끼기 때문인 듯하다. 사회, 과학은 한 학기에 기본 문제집 1권 정도씩은 푸는 게 좋다. 이때 예습보다는 복습이 낫다. 사회 문제집은 혼자 예습한다고 읽어도 모르는 단어가 참 많다. 시간만 오래 걸리고 이해도 안 되니 지겹다. 그래서 복습 위주로 학교 진도에 따라 푸는 걸 권한다.

가능한 두꺼운 걸 고르는데 이는 기본 설명이 상세한 걸 고르라는 뜻이다. 그런 문제집은 교과서에는 없는 사진 자료도 많고, 색깔도 많이 써서 눈에 잘 들어온다. 사회는 한 학기 동안 배우는 내용을 연대표 형식의 커다란 캘린더로 만들어놓은 부록이 있으면 좋다. 책상에 붙여놓고 수시로 보면 큰 맥락을 이해하는 데 도움이 된다.

초등 문제집을 인터넷 검색창에 치면 '문제집 추천 순위' '문제집 인기 순위' 이런 연관 검색어가 나온다. 많은 학부모의 관심이 검색창에 고스란히 드러나는데, 한 번쯤 어떤 문제집이 좋은가 찾아보기에 앞서 우리 아이에게 지금 어떤 문제나 고민은 없는가를 살펴봤으면 좋겠다. 문제집의 문제는 열심히 푸는데, 자기 고민은 표현도 못 하고 쌓아놓는 것은 아닌지 말이다. 우리 아이 마음에 있는 문제부터 먼저 풀어야 한다는 것, 잊지 않았으면 좋겠다.

28

음악이 아이 두뇌를 깨운다

음악은 다른 교과에 비해 비중이 낮지만 초등과 초등 이전 음악 교육이 아이의 뇌 발달과 학습에 미치는 영향은 생각보다 크다.

뇌 과학자는 15세 정도까지 뇌 발달이 급속도로 이루어진다고 말한다. 특히 생후 3~10개월, 2~4세 사이, 6~8세 사이, 10~12세 사이, 14~16세 사이에 뇌 무게가 크게 늘면서 다양한 인지·정서 능력이 발달한다. 그 시기에 적절한 음악을 들려주면 뇌 발달에 촉진제 역할을 할 수 있다는 연구 결과가 있다.

유아 시기 뇌 발달에 맞는 효과적인 음악 교육법

시기별로 생후 3~10개월 사이에는 엄마의 목소리로 들려주는 노래가 참 좋다. 엄마가 음치라고 생각해 노래를 잘 안 불러줄 수도 있는데 그 시기 아이에게 음정, 박자는 중요하지 않다. 노래를 잘 못 불러도 좋으니까 걱정하지 말고 엄마가 좋아하는 노래를 자주 직접 불러주어야 한다. 엄마의 목소리만으로 아이는 상당한 심리적 안정감을 얻을 수 있다. 그러한 안정감은 엄마에 대한 신뢰와 특히 안정애착을 형성하는 데 큰 도움을 준다.

2~4세 사이는 리듬에 즉흥적으로 반응한다. 이때는 소리 나는 다양한 물체를 가지고 마음껏 체험하게 하는 것이 좋다. 그릇, 냄비 같은 물체에서 나는 소리를 듣는 것만으로도 재미있어하니 자주 다양한 물체를 두드리고 그 소리를 흉내 내게 해주자. 부모 입장에서는 그냥 소음 같지만 아이는 물체에서 나는 소리를 들으며 청음 감각을 키운다. 뇌 과학자는 이 시기에 절대음감이 형성될 가능성이 높다고 한다.

6~8세는 전조작기로 인지 능력과 함께 음악 능력도 급속도로 발전한다. 이때 동요를 많이 듣고 부르며 피아노 같은 악기 연주도 시작하면 좋다. 셈여림, 음높이, 음길이 등을 정확

하게 구별하고 소리를 따라 할 수 있기 때문이다. 특히 이 시기에 익힌 악기 연주는 평생을 가져갈 만큼 강한 각인 효과가 있다.

또 한 곡 한 곡을 연주할 수 있다는 성취감이 자존감에도 긍정적인 영향을 준다. 다른 사람과 함께 연주하면 자기중심성을 벗어나는 데도 큰 도움을 받는다. 자신뿐 아니라 다른 사람의 소리를 들어야 협주가 가능하다는 걸 암묵적으로 체득하기 때문이다. 이는 사회성으로 연결되고 공감력 있는 리더의 자질을 갖추게 한다.

초등 3~6학년 시기는 음악적 공백기

초등 저학년까지는 그래도 악기도 배우며 노래와 율동하는 시간을 충분히 누리는데 3학년 정도 되면서부터는 학습 위주의 학원만 다니고 갑자기 음악은 그저 학교 음악 시간에 접하는 정도로 확 줄어든다.

이는 인지력과 학습력에 영향을 준다. 14~16세 사이에 후두엽이 발달하는데 그 직전 단계인 초등 시기에 충분한 워밍업이 되어 있어야 한다. 그냥 후두엽이 그 시기가 되면 발달하는 게 아니고 적절한 자극이 그 발달의 시작을 도와주기 때문이다. 대부분의 아이는 동요나 율동이 가미된 음악에서 시각적 감동을 주는 영화 음악, 오페라, 뮤지컬 음악으로 가는 중간 단계의 체험이 많이 결여되어 있다. 그나마 대중음악에 노출되어 도움을 받지만 음악적 인지 확장에는 한계가 있다.

이 시기 다양한 음악을 듣고 그 느낌을 글로 적게 하는 게 도움이 된다. 초등 고학년은 추상적 단어를 사용하기 시작하는 때로 음악 감상은 그 추상적 사고를 더 구체화시킨다.

코로나19 시기, 5학년 담임이었던 나는 아이들의 뇌 발달에 공백이 생길 것 같아 매주 한 곡씩 다양한 장르의 음악을 듣고 감상문을 쓰도록 숙제를 내주었다. 그때 여러 아이가 감상문에 '처음 만나는 세상'이라고 썼다. 이는 그들의 인지력이 그만큼 확장되었다는 걸 의미한다. 우리 아이가 대중음악이라는 한 장르만 체험하지 않도록 최대한 다양한 음악을 들려주자.

나는 시사적인 이슈와 연관 지어 음악을 들려주기도 했다. 예를 들어 안드레아 보첼리가 코로나19 시기 사람들을 위로하기 위해 혼자 공연하며 불렀던 노래들, 세계적인 소프라노 조수미 씨의 노래도 선택했다.

특히 조수미 씨의 노래 중 <챔피언>이 인상적이었다는 아이가 많았다. 임동혁 피아니스트가 연주한 베토벤 <월광>도 반응이 좋았다. 학년 말에는 영화 <서편제>에 나오는 판소리 몇 개를 감상하게 했다.

다양한 장르의 명곡들을 검색만 하면 쉽게 감상할 수 있으니 초등 3학년 이상의 아이를 둔 가정이라면 명곡들을 만날 기회를 적극적으로 모색해야 한다.

중등 시기인 14~16세는 뇌 확장과 발달의 거의 마지막 단계

사춘기와도 겹치는데 추상적 사고를 거쳐 주체적 인식의 창문을 만드는 때다. 이 시기 종합적인 사고와 정서 조절에 중요한 역할을 하는 후두엽이 발달한다. 그래서 너무 이론 위주의 음악 교육이나 따라부르기 식의 음악보다 대중음악, 영화음악, 오페라, 뮤지컬 등 시각 효과가 함께하는 음악을 자주 체험하면 좋다.

음악인의 뇌 상태는 이중언어, 즉 몇 개의 외국어를 구사하는 사람의 뇌와 비슷하다고 한다. 실제로 음악인의 외국어 구사 능력이 일반인보다 좋다는 연구 결과도 있다. 음악은 평생 우리 뇌를 자극하고 활력을 준다는 사실을 기억하면 좋겠다.

아인슈타인은 이렇게 말했다.

"삶의 기쁨은 대부분 바이올린이 가져온다."

공부정서에서 '음악'은 빼놓을 수 없는 아주 중요한 부분이다.

29

다중지능검사로 잘하는 것을 더 잘하게 하자

다중지능은 하버드 대학교 교육학과 하워드 가드너 교수의 이론으로 2000년경 그의 저서가 한국에 번역되면서 알려졌다. 그의 설명에 따르면 인간의 지능은 독립적인 일곱에서 아홉 가지 유형의 능력으로 구성된다고 한다. 그런데 각 지능은 사람마다 다르게 발현된다. 예를 들어 음악지능이 뛰어나지만 공간지능이 약하거나, 대인관계지능은 높지만 논리수학지능이 약한 것이다.

우리 아이가 여러 지능 중에서 어떤 지능이 더 높고 낮은지

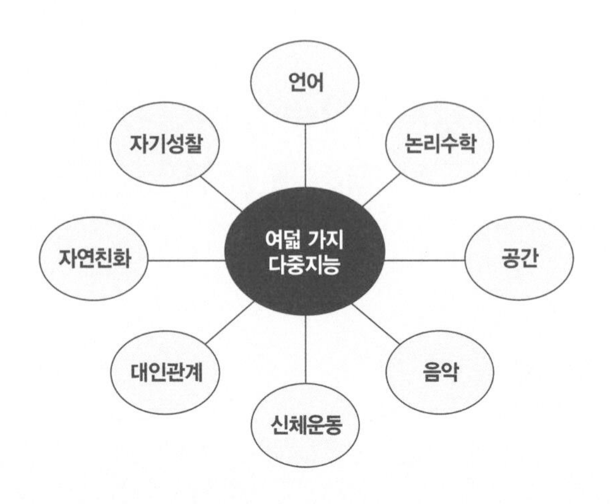

하워드 가드너의 다중지능

알려면 '다중지능검사'를 하면 된다. 심리검사 기관에 가면 일정 비용을 내고 받을 수 있다. 인터넷 사이트에서 무료로 검사해주는 프로그램도 있지만 신뢰성이 낮다. 가급적 인증 기관에서 검사를 받고 결과 해석을 들으면 우리 아이의 다중지능을 객관적으로 판단할 수 있다.

아이의 약한 지능을 모르면 상처를 줄 수 있다

예를 들어 아빠가 공간지능이 뛰어난데 아이는 약할 수 있다. 아빠는 초등 6학년 딸아이가 혼자 지하철을 타고 다른 동네에 사는 할머니 집을 다녀오지 못하는 걸 이해할 수가 없다. 본인은 초등 4학년 때 서울 어디든지 갈 수 있었기에 답답한 마음에 한마디한다.

"6학년이나 되었는데 지하철도 제대로 못 갈아타서 커서는 어떻게 혼자 다니겠냐."

아이는 아빠의 실망하는 눈빛을 보고 자기는 쓸모없는 사람이라고 단정한다. 그런데 검사를 통해 객관적으로 부족한 지능을 알면 접근방식이 달라진다. 전반적인 지능이 낮은 것이 아니라 특정 부분만 부족함을 알기 때문에 그 부분을 기다려주거나 세심하게 보충해줄 수 있다.

강한 지능 vs 약한 지능, 어디에 집중할까

보통 부모는 이것저것 다 해보아야 아이 적성에 맞는 걸 찾지 않겠느냐는 생각에 최대한 많이 경험해보도록 한다. 하지만 초등 시기에는 강한 지능에 집중하는 것이 효과가 더 좋다. 아이의 에너지에는 한계가 있다. 하루 5개의 에너지를 사용할 수 있다면 강한 지능에 5개를 사용했을 때 두 배, 세 배의 효과를 가져올 수 있다. 반면 약한 지능은 생각보다 발전 속도가 보이지 않는다. 문제는 아이가 착각을 할 수 있다는 점이다.

'나는 해도 안 되는구나.'

본인이 강점을 보이는 지능에 시간을 투자하면 성취감을 맛볼 수 있다. 그 성취감은 자기효능감(자기 힘으로 어떤 문제를 해결할 수 있다는 자신에 대한 신념이나 기대감)으로 연결되고, 결과적으로 본인의 약한 지능에도 도전해볼 만하다는 도전의식을 갖는다.

높게 나온 세 가지 지능을 통합적으로 살펴본다

아이의 진로를 결정할 때는 다중지능 외에도 고려할 부분이 많다. 그래도 높게 나온 세 가지 지능을 통합적으로 고려해보자. 예를 들어 음악지능이 가장 높고, 다음이 언어지능, 대인관계지능이라면 이 세 가지를 동시에 아우르는 직업군이 적절하다. 음악지능이 가장 높으니 가수나 연주가로 살고, 두 번째로 높은 언어지능을 활용해 싱어송라이터로 창작 활동을 하며, 세 번째로 대인관계지능이 높으니 콘서트를 통해 직접 팬들과 만나거나 다양한 소통 창구를 운영하는 식이다.

나도 다중지능검사를 했는데 첫 번째로 언어지능, 두 번째로 자기성찰지능, 세 번째로 논리수학지능이 높게 나왔다. 이 결과를 보고 내가 왜 교사를 하면서 교육 서적을 집필하고 자기성찰적 심리학에 관심을 가지는지 알 수 있었다. 참, 가장 낮은 것이 음악지능이었는데 그때 알았다. 어쩐지 음악만 가르치면 우리 반 아이들의 노래 실력이 점점 이상해지더라니.

교육 방송에서 다중지능 관련 다큐멘터리를 내보낸 적이 있다. 그때 남들이 보기에 안정적이고 성공적인 직업을 가졌는데 만족하지 못하고 이직을 꿈꾸던 사람들의 이야기가 가장 기억에 남았다. 그들은 공통적으로 자신의 다중지능 중 별로 높지 않은 지능을 활용하는 직업을 가졌다.

이미 100세 시대이고 우리 아이는 100세에도 일할 수 있는 100세 노동 시대가 된다. 우리 아이의 다중지능을 살펴봐야 하는 이유다. 70년을 이직할까 말까 고민하게 만들지 말자.

30

유연한 진로 찾기는 동기부여를 더한다

요즘 초등학생의 주된 고민이 무엇인지 아는가? 대부분의 학부모가 친구관계나 공부를 꼽을 듯하다. 그런데 초등 3학년 이상 학생이 '취업'을 고민한다면 믿겠는가?

물론 초등교육 현장에서 '취업'이라는 단어는 잘 나오지 않는다. 하지만 '진로'라는 단어는 결국 현실적으로 어떤 일을 하고 살지에 대한 '취업'과 연관된다. 그리고 많은 아이가 '진로'를 고민한다. 초등 시기 6년을 보낸 것같이 한 번만 더 보내면 성인이 되니까 초등 6학년이면 자신을 그리 어리다고 생각하지 않는다.

학교에서 2월은 졸업 시즌이다. 요즘 졸업앨범에는 사진만 들어가지 않는다. 친구들에게 몇 줄씩 글을 쓰는데 유독 눈에 띄는 문구가 있다.

"나중에 꼭 성공해서 다시 만나자."

"어른 되어 좋은 직장 다니지 못해도 우리 우정 잊지 않기다."

초등 시기에 진로를 정하는 것은 기적에 가깝다

영희의 꿈은 '의사'다. 의사는 영어 원서를 읽어야 하니까 영어 공부를 열심히 해야 한다고 들어서 초등 6학년인데 고등학교 수능 영어 단어장을 가지고 다니면서 공부한다.

그걸 본 친구 선아는 불안해지기 시작한다. '나도 뭔가 꿈을 갖고 시작하지 않으면 뒤처진다'고 여기며 면담 때 이야기한다. 점심시간에 즐겁게 놀 때는 모르는데 나중에 후회가 된다고. 뭘 준비해야 할 것 같은데 아직 명확히 '이거다' 하는 꿈이 없어서 시작할 수도 없고, 그렇다고 그냥 있자니 불안한 생각이 자꾸 난다고.

이론상 진로를 빨리 확정하면 그만큼 준비하는 시간이 길어지기에 도움이 된다고 한다. 그런데 진로를 초등 시기에 정하는 것은 사실 기적에 가깝다. 특히 자신이 어른이 되어 무엇을 하면서 살고 싶다는 것을 초등 시기에 '아!' 하고 알아차린다는 것은 천운에 가깝다.

간혹 텔레비전 영재 관련 프로그램에 나온 아이나 성공한 사람이 자신은 초등 때부터 그 분야에 관심이 많았고 하루에 몇 시간씩 빠져 있었다고 말하지만 교실 현장에서 이런 아이를 보는 것은 드문 일이다. 대부분은 학년이 올라갈 때마다 꿈이 바뀐다.

문제는 그러한 특별 사례를 일반화해서 많은 학부모가 자녀의 진로를 빨리 정하고자 압박을 가한다는 점이다. 진로 불안을 없애는 근본 방향은 진로를 빨리 정하는 것이 아니라, 진로를 빨리 정해야 한다는 압력을 멈추는 것이다.

초등 시기에 진로 생각은 하지 않는 게 좋다는 말은 아니다

자신의 꿈에 대한 생각은 멈출 필요가 없다. 문제는 부모가 초등 시기에 혹은 적어도 초등 졸업을 하면 진로를 확정지어야 한다고 아이에게 부담을 주는 것이다. 그러한 부담은 필히 덜어주어야 한다. 초등 진로 교육의 핵심은 '진로 확정'이 아니고 진로에 대한 '유연성'이다.

큰 의미에서 진로 유연성은 한 가지로 결정하기보다는 다양한 가능성을 열어놓으라는 말이다. 그렇지만 이것이 다양한 체험을 해야 한다는 의미는 아니다.

초등학생을 대상으로 직업 체험 놀이를 하는 곳이 있다. 학교에서 현장체험으로 데려가기도 한다. 그곳에 가면 엄마가 아이 손을 잡고서 한 군데라도 더 돌고 가려고 이리저리 뛰어다니는 모습을 볼 수 있다. 심지어 비싼 입장료를 내고 들어왔는데 겨우 두세 군데만 하고 지쳐서 되느냐고 화를 내는 엄마도 있다.

몰입하면서 진로의 유연성을 경험한다

이것저것 바쁘게 체험하다가 "아! 이게 나한테 맞는 것 같아"라는 탄성은 나오지 않는다. '아!' 하는 탄성은 어느 정도 한 가지에 몰입하는 과정 중에 나온다. 처음에는 재미있는 것 같아 몇 시간 혹은 며칠을 몰두한다. 그러다가 '아, 재미없는데. 처음 생각한 것과 다른데'라고 깨닫고 더 이상의 몰두를 멈추고 다른 것을 찾는다.

이 과정을 충실히 거쳐야 유연성이 생긴다. 유연성은 뭔가 확실한 포기 과정이 동반되어야 형성된다. 스치듯 혹은 급하게 뭔가 잡아보려는 의도의 체험에는 포기 과정이 없어 아이를 혼란스럽게만 만든다. 이것도 해야 할 것 같고, 저것도 괜찮은 것 같다. 이것은 모든 걸 끌어안고 가는 무게감을 안겨준다.

기본적으로 자꾸 어른이 되어 무엇을 하면서 살고 싶은지 묻지 않아야 한다. 생각보다 학년이 올라갈수록 학부모는 아이에게 자주 묻는다.

"이담에 커서 뭘 하고 싶니?"

그보다는 좀 더 가까운 미래에 대한 구체적인 질문이 좋다. 내일 너에게 하루 동안 자유시간이 주어지면 무엇을 하고 싶은지 물으면 아이는 금방 대답을 한다. 아이가 무엇을 하면서 놀고 싶은지에 관심을 가지는 것이 자녀의 흥미와 적성을 파악하는 데 도움이 된다.

무엇보다 자녀의 꿈이 매년 바뀌는 것을 당연하게 여겨야 한다. 하나로 결정해 쭉 준비하기를 바라는 마음은 자녀에게 왜곡된 진로관을 갖게 한다. 한번 결정한 진로를 가능하면 바꾸지 않는 것이 좋다는 생각을 은연중에 갖게 하면 정말 자신과 맞는 것을 만났을 때 주춤한다. 자신이 원하는 것보다 결정을 번복하지 않는 걸 더 중요하게 여기기 때문이다.

애가 꿈이 없어서 걱정이라는 부모

일단 꿈을 꾸려면 눈을 감고 잠을 자야 한다. 자녀가 꿈이 없다고 염려하기보다 아이가 자신을 되돌아볼 여유를 주는지 살펴봐야 한다. 학원 숙제하느라 바빴던 아이에게 이다음에 무엇을 하고 싶은지 물어보면 잘 모르는 게 당연하다.

초등 시기 진로에 대한 정서는 얼마든지 변할 수 있다는 전제가 있어야 한다. 그런 아이는 일단 눈에 보이는 것을 두려움 없이 행동으로 옮기고 실행해본다. 그 과정에서 버려야 할 것과 좀 더 느껴보고 싶은 것들을 구분하기 시작한다.

이렇게 서서히 자신을 알아가는 과정이 중요하다.

'진로 발달 이론'은 긴즈버그라는 학자가 체계화했고 수퍼라는 학자가 이를 비판하면서 더욱 발전시켰다. 두 학자가 각각의 진로 발달 이론을 제시하면서 공통적으로 언급한 것이 진로 발달에 앞서 '자아 정체성' 확인이 필요하다는 것이다. 적어도 '나는 어떤 사람이다'라는 정체성을 생각하기도 전에 '어떤 일을 하는 사람이다'라는 진로 결정을 하지 않도록 천천히 다가가기를 바란다.

공부정서 톡톡 5

주식인가 사교육인가

Q '주식이냐 사교육이냐' 이런 주제로 이야기를 해주신다고요. 주식 열풍이 자녀 교육에까지 영향을 미치나 봐요?

A 예, 한창 인기를 끌었던 존 리 메리츠자산운용 대표가 "주식은 파는 게 아니라 모으는 거다, 자녀에게 사교육을 시키는 대신 주식을 사주어라"라고 말해 어머님들까지 큰 영향을 받았죠.

Q 빠듯한 살림에도 어떻게든 교육만큼은 제대로 시키겠다는 게 엄마들 마음이잖아요. 그런데 그것보다 주식에 투자하는 게

자녀의 미래를 위해 더 낫다고 여기는 건가요?

A 결론을 바로 말씀드리기 전에 고민해볼 것이 있어요. 사실, 직감적으로는 '사교육 대신 주식'이라는 말에 전적으로 공감합니다. 그런데 학부모님들 입장에서는 결과를 20~30년 후에나 알 수 있어 그러다 아예 깡통주식이 되어버리면 어떡하냐는 불안이 생기죠. 그래도 전 존 리 대표가 참 대단하다는 생각이 들어요. 그동안 교육부에서 사교육을 줄이기 위한 대책들을 엄청 쏟아냈지만 학부모님은 거의 미동도 없으셨어요.

"우리 아이 사교육은 내가 지킨다."

거의 그런 분위기였죠. 그런데 이번은 달라요. 좀 흔들려요. 적어도 이번에는 학부모님이 뭔가 고민한다는 거죠. 오늘 그 고민을 교육자 입장에서 정리를 해드리겠습니다. 일단 존 리 대표를 만났던 이야기부터 잠깐 할게요.

Q 두 분은 어떤 인연으로 만나셨나요?

A 한 6~7년쯤 된 것 같아요. 존 리 대표의 《엄마 주식 사주세요》라는 책을 우연히 학교 중고장터에서 발견했어요. 처음에 제목을 보고 신기해했죠. 그 책을 사서 읽었는데 생각 이상으로 내용이 신선했어요. 당시 아이에게 경제교육을 어떻게

시키나 고민했는데, '주식'이라는 키워드와 연결이 잘되었죠. 그래서 팟캐스트 교육 채널에 그 책을 소개했는데, 그 내용을 듣고 그쪽에서 연락이 왔어요. 존 리 대표의 강연에 와서 내용을 한번 봐달라는 거였어요. 그때 직접 강연을 듣고 따로 잠깐 만나 이야기를 나누면서 사교육 대신 주식을 사야 한다는 말에 전적으로 동감했어요. 그런데 집으로 돌아오면서 한 가지 교육적으로 떠오른 고민이 있었어요.

Q 어떤 고민인가요?

A 존 리 대표의 책과 한두 달 차이로 교육경제학자 나카무로 마키코가 쓴 《데이터가 뒤집은 공부의 진실》이 나왔습니다. 빅데이터를 바탕으로 그간의 교육 이론들을 팩트 체크하는데 그중 하나가 자녀에게 언제 교육 투자를 시작하는 것이 수익률이 좋냐는 거였습니다. 결론은 교육 투자는 '일찍 하는 것이 효과가 좋다'였어요. 유치원 때와 고등학교 때, 언제 피아노를 배우는 것이 아이에게 더 교육적 효과가 크겠어요?

Q 유치원 때 피아노를 배우는 게 더 효과가 크겠죠.

A 맞아요. 그러자면 피아노 학원에 보낼 수밖에 없잖아요.

그래서 고민이 되는 거예요. 어떻게 보면 존 리 대표나 나카무로 마키코나 모두 경제학적인 관점에서 이야기하는데, 한쪽은 주식을 사라고 하고, 한쪽은 일찍부터 교육에 투자하라고 하거든요. 저는 심적으로는 존 리 대표 쪽이었는데… 한편 저는 교육 전문가이고, 관련 서적도 쓰고, 강연도 나가고… 뭔가 좀 더 객관적이면서 교육적인 관점에서 명확한 근거가 필요했어요.
그래서 두 책을 어떤 오류는 없는지 서로 비교 분석하듯 다시 읽어보았습니다. 그러다가 길을 걷는데 갑자기… 알았어요, 결론이 난 거죠.

Q 어떻게 결론이 났나요?

A 저는 두 책이 서로 싸운다고 생각했는데, 그게 아니었어요. 둘 다 똑같은 주장을 하는 거였어요. 경제전문가로서 서로 의견이 같았던 겁니다.

Q 한쪽은 일찍부터 주식을 사라고 하고 다른 쪽은 일찍부터 교육에 투자하라고 했는데 어떻게 의견이 같은 거죠?

A 두 경제전문가가 공통으로 말씀하신 '일찍부터'가 중요한 거였습니다. '시간'을 사라, 하루라도 빨리 시작하라는 거죠.

존 리 대표 입장에서는 하루라도 빨리 주식을 사서 모아야 자산을 불릴 수 있다는 거고요. 나카무로 마키코는 하루라도 빨리 교육에 투자해야 다양한 성취감을 느낄 수 있다는 거죠. 두 사람이 말한 것에서 절대적인 건 일찍부터라는 '시간'과 꾸준히 지속하는 '성실성'이었습니다. 한쪽은 그걸 주식으로 시작하는 것이고, 다른 한쪽은 교육 투자라고 말한 것뿐이죠.

Q 시간이 필요하다는 건 알겠는데… 그럼 결국 다시 돌아와서 주식을 살까요, 교육에 투자할까요?

A 둘 다 해야죠. 존 리 대표는 사교육비를 줄이라고 한 것이지 교육을 하지 말라는 건 아니었어요. 나카무로 마키코는 가능하면 일찍부터 교육을 하라는 것이지, 그렇다고 사교육을 시켜야 한다고 오해하지는 말라고 언급했고요.

학부모님들, 한번 꼼꼼히 지금 하는 사교육 중에 정말 우리 아이에게 필요한 것이 얼마나 되는지 점검해보세요. 집에서 엄마나 아빠가 시간을 좀 내서 가르쳐줄 수 있는 건 아닌지… 초등 시기에는 부모님이 해주실 수 있는 부분이 생각보다 많아요. 아이가 어떤 분야에 대해 혼자서 파고들 수 있을 정도까지만 아이 옆에서 도와주면 돼요.

Q 종합하면 사교육비는 줄이고, 교육은 가능한 일찍부터 하는 게 좋다는 건데… 그럼 혹시 선행학습 부작용에 대해서는 어떻게 생각하시나요?

A 음… 제대로 이해하지도 못한 채 이루어지는 선행은 공부에 부정적인 정서를 갖게 하죠. 그런데 자녀 교육은 일찍부터 시작하는 게 맞아요. 그 일찍이 언제냐면, 태어나서부터죠. 아이의 발달 과정과 속도에 맞게 적절한 교육이 제공되어야 해요. 그렇게 지속되는 교육이 선행이냐 아니냐는 의미가 없어요. 우리 아이의 인지·정서·행동 발달의 속도는 부모님이 늘 파악하고 계셔야 해요. 그래야 그 속도에 맞는 교육을 제공할 수 있어요. 그러려면 제가 자주 말씀드리지만, 부모님들이 자녀 교육서를 자주 많이 읽고 공부하셔야 합니다.

Q 오늘 주제는 결국 '시간'에 투자하는 거네요.

A 네, 맞습니다. 유대인들은 13세가 되면 성인식을 합니다. 이때 지인들이 모여 평균 1명이 약 200달러, 우리 돈으로 대략 25만 원 정도를 축하금으로 주죠. 우리나라는 아이 돌잔치 때 돌반지를 선물합니다. 금 한 돈 값이 25만 원 정도 하죠? 우리 조상들은 유대인들보다 10년이나 일찍 시간을 벌어줍

니다. 문제는 유대인은 그 축의금을 모아 아이를 위한 주식이나 채권을 사는데, 우리는 부모가 써버린다는 거예요. 유대인은 초등 입학 전부터 <토라>를 가르쳐왔습니다. 우리는 태교라는 말이 있을 정도로 아예 배 속에 있을 때부터 책을 읽어줍니다. 문제는 유치원부터는 책 대신 방과후에 학원을 돌리죠. 우리 민족은 거의 태어나면서부터 아이의 시간을 자본이든, 교육이든 벌어주었습니다. 그런데 언제부터인가 그 기본 틀이 흐트러지기 시작했습니다. 오늘부터 꼭 바로잡으시기를 응원합니다. 우리 아이의 미래를 위해.

핵심 개념 정리

1. 내 자녀가 수학에 빠지게 하려면 문제를 풀리는 데 급급하지 말고 문제를 느끼게 해주어야 한다. 영어만 프리토킹 능력이 필요한 게 아니다. 수학에서도 프리토킹이 필요하다.

2. 가정에서 과학 실험을 할 때 엄마 아빠의 설명이 너무 많아져서는 안 된다. 실험을 통해 아이에게서 '아!' 하는 탄성이 나오게 해야 한다. 이론 설명은 최소한, 실험 과정을 즐기게 한다.

3. 수학 문제집은 많이 푸는 것보다 기본서를 본인이 직접 끝까지 풀어보는 경험이 중요하다. 기본서, 심화 문제집 1권씩이면 한 학기 수학 공부 분량은 충분하다.

4. 음악인의 뇌 상태는 이중언어를 구사하는 사람의 뇌와 비슷하다고 하다. 음악을 통해 자녀의 인지력을 높일 수 있다. 음악은 평생 우리 뇌를 자극하고 활력을 준다.

5. 본인이 강한 지능에 시간을 투자하면 성취감을 쉽게 맛볼 수 있다. 그 성취감은 자기효능감으로 연결되고 결과적으로 본인의 약한 지능에도 도전해볼 자신감이 생긴다.

6. 초등 진로 교육의 핵심은 '진로 확정'이 아니고 진로에 대한 '유연성'이다. 유연성은 쫓기듯 많은 체험을 하면서 생기는 것이 아니다. 한 번이라도 제대로 몰입하는 과정에서 생긴다.

인터뷰

서울대, 카이스트 동시 합격한 박서은, 공부정서를 말하다

서울 유석 사립초등학교를 졸업했다. 중학교에 진학해 3년 동안 내신 모든 과목에서 A를 받았다. 자립형 사립고인 하나고와 특목고인 과학영재고(경기)를 동시 합격했다. 수학과 과학이 좋아 하나고를 포기하고 영재고에 진학했다. 영재고 1학년 때 <문제적 남자>에 출현해 MVP로 선정되기도 했다. 추후 대학 입시에서는 서울대와 카이스트를 동시 합격했다. 학부생부터 과학 연구를 하고 싶은 마음에 서울대를 포기하고 카이스트에 진학, 2학년에 재학 중(23학년도)이다. (e-mail : separk0842@gmail.com)

Q 초등학교 시기부터 물어볼게요. 서은 양은 초등학교 때 공부에 어떤 생각을 가졌는지 궁금해요.

A 개인적으로 선생님이 내준 숙제를 잘하고, 학교 시험을 열심히 준비하는 정도의 모범생 역할을 하려고 했던 거 같아요. 당시 제 성격상 숙제 안 하는 걸 스스로 못 참았던 것 같아요. 시험 못 보는 것도 못 참았고요. 그 때문에 숙제와 시험 준비를 열심히 했던 것 같아요. 시험을 잘 보면 점수가 잘 나오니 그것이 기분 좋아 공부가 재미있었던 것 같아요.

Q 보통은 "숙제하기 싫어" 하면서 안 하거나, 하더라도 억지로 대충 하는 아이도 많아요. 시험도 적당히 공부하거나, 안 하는 친구도 많고요. 서은 양은 왜 숙제든 시험이든 초등 시기에 그걸 끝까지 제대로 해내려고 했을까요?

A 성적이 좋으면 기분이 좋은 것과 같은 이유일 거예요. 부모님이나 선생님, 친구들이 해주는 칭찬도 있지만 스스로에게 하는 칭찬도 있잖아요. 무엇보다 나 스스로한테 드는 '만족감'이 좋았어요. 그런 만족감을 알고 나니 반대로 내가 못 해냈을 때 스스로에게 '실망감'을 느끼기 싫은 마음도 컸던 것 같아요.

Q 그걸 일종의 '성취감과 책임감'이라고 할 수 있을 것 같네요. '왜 나는 주어진 것을 책임을 다해 성취하려 하는가'라는 질문을 스스로에게 던진다면 어떤 대답을 할 수 있나요? 책임감을 느낀 출발점은 언제였을까요?

A 제 기억에 이걸 해야 한다는 책임감을 가장 처음 느꼈던 때는 유치원 발표회예요. 친구가 못 따라오고 있으면 내가 끌어줘서 같이 잘해야 한다는 생각도 들었고요. 내가 맡은 발표회에서의 역할에 최선을 다해야 한다는 마음이 강했어요. 어릴 때 이걸 하면 칭찬을 받는다는 것은 그전에 학습된 거 같아요. 특히 '내가 이걸 제대로 해내면 칭찬받는데 칭찬받고 싶으니까 제대로 하자' 이런 식의 사고가 있었어요.

Q 칭찬 욕구가 어린이집, 유치원 때 이미 작동하고 있었고, 초등 시기 내내 영향을 주었다는 거네요.

A 예, 그렇다고 할 수 있어요.

Q 초등 이후에 특목고를 가야겠다고 구체적으로 생각한 계기가 있었나요?

A 저나 부모님이나 고등학교 입시에 대해서는 거의 모르고

있었는데 어느 날 엄마가 얘기를 해주셨어요. “사촌 ○○이가 이번에 하나고에 입학해 다니는데 좋다더라. 우리도 열심히 해서 한번 가보자.” 이 말을 듣고 특목고가 있다는 걸 처음 알았어요. 그렇다고 엄마가 막 극성으로 얘기한 건 아니고 ‘그냥 뭐, 잘해서 가면 좋잖아’ 정도였어요. 저도 ‘3년 공부하고 시험 한번 보면 되지’라고 가볍게 생각했어요.

그러다가 제가 다니던 학원에서 커리큘럼을 따라가다 보니 자연스럽게 ‘특목고 준비를 할 것이냐 아니면 일반 고등학교를 위한 준비를 할 것이냐’ 하는 선택의 순간이 오더라고요. 그때 제가 지금까지 해왔던 걸 보면 특목고를 준비할 수도 있다는 걸 알았어요. 설명을 더 들으니 ‘특목고가 수학과 과학을 좋아하는 저한테 참 잘 맞을 것 같다’는 생각이 들었고, 해보고 싶었어요.

Q 결국 특목고 준비를 했고 하나고와 영재고를 둘 다 붙었어요. 중학교 시기 특목고 입시라는 목표에 도달하기 위해 구체적으로 어떻게 공부했는지 궁금해요.

A 일단은 학원 커리큘럼을 따라가는 것부터 시작했어요. 제가 혼자 계획하거나 어떻게 입시 준비를 해야겠다는 생각은

하지 않았죠. 선행은 했어요. 고등학교 진도를 더 나가는 데 집중한 게 아니고 중학교 심화 과정을 배우다 보니까 고등학교의 어떤 내용이 들어갈 수밖에 없어서 한 거였죠. 수학과 과학에서 학원이 취사선택해준 약간의 선행을 하고, 특목고 관련 문제를 계속 풀면서 준비를 했어요.

특목고가 수학, 과학 시험을 보잖아요. 그 시험이 중학교 내용만 가지고 풀 수 있기는 해요. 하지만 순수하게 중학교 내용만 가지고 풀려면 시간상 더 걸려요. 또 사고력을 많이 요구해요. 생각하는 방식을 다양한 문제를 통해 연습하고 배워본 사람만이 풀 수 있어요. 아무리 내가 수학, 과학에 뛰어나다고 해도 그 문제에 적용하는 것을 배우는 과정이 무척 중요해요.

그리고 저는 그런 문제를 자주 풀고 적용하는 과정에서 영재성이 길러진다는 생각이 들었어요. 그냥 혼자 공부한다고 해서 영재성이 길러진다고는 잘 생각이 안 들어요. 그런 문제집이라도 시중에 나와 있으면 좋겠지만 거의 없는 것이 현실이고요. 학원에서 수학과 과학의 심화 과정 중 어떤 것이 문제에 사용되는지 가르쳐주고, 이걸로 어떻게 문제를 푸는지 알려주고, 또 문제를 보자마자 내가 스스로 풀 수 있도록 계속 도와주죠.

Q 그럼 실제로 특목고에 입시 사교육 없이 정규 중학교 과정의 교육만 받고 들어온 친구는 없었나요?

A 있기는 있어요. 제가 정확히는 모르겠지만 짐작으로 10퍼센트가 안 될 것 같아요. 정말 똑똑한 친구들이죠. 하지만 학원을 거쳐 들어온 친구는 모두 영재성이 만들어진 거고 정규 중학교 과정만 밟고 들어왔다고 해서 모두 천재성이 있는 거는 아니에요. 그건 학원을 갔느냐 아니냐로 구분되지는 않아요. 내가 이만큼 클 수 있는 사람인데, 그걸 혼자 낑낑대면서 키우는 것보다는 쑥쑥 크도록 누군가의 도움을 받는 것도 좋은 것 같아요.

Q 구체적인 공부 시간 계획은 어떻게 되나요?

A 지금은 시험 보는 기간이 좀 바뀌었다고 하는데 저는 중학교 3학년 5월에 특목고 시험을 봤거든요. 그래서 그전 겨울방학이 무척 중요했어요. 가장 열심히 공부했던 그때를 기준으로 낮에는 방학 특강, 저녁에는 정규 수업해서 학원 수업만 하루에 8~9시간 들었던 것 같아요.

아침에는 8시에 일어나서 9시까지 학원 옆 독서실 가서 공부하고, 오후부터 밤 10시까지 학원 강의를 들었죠. 끝나고 또 바로 독서실로 갔어요. 저는 옛날부터 시간을 써서 공부하는 스타일이라서 독서실 문 닫을 때까지 있었어요. 그게 거의 새벽 2시까지죠. 집에 오면 한 3시 반쯤 돼서 잠을 잤던 것 같아요.

Q 정말 고생했네요. 중학교 2학년 학생이 그렇게 입시 준비를 하다 보면 힘든 순간이 있었을 것 같은데, 그 순간들을 어떻게 보냈는지 궁금해요.

A 일단 제가 공부하면서, 친구들이 들으면 기분 나쁘다고 할 수도 있을 것 같지만(^^), 중학교까지는 공부가 크게 힘들다고 느꼈던 기억은 없어요. 오히려 생각보다 재밌게 했던 것 같아요.

입시학원에 가면 친구들이 모여 있는데, 그 친구들이 같은 목표로 공부해서 그런지 취향도 잘 맞고 성격도 잘 맞았던 것 같아요. 학원에서 그 친구들이랑 쉬는 시간, 점심시간에 무척 재밌게 놀거든요. 그래서 저는 학원 가는 걸 정말 좋아했어요. 학원에서 친구들이랑 노는 걸로 충분했던 거 같아요.

Q 그럼 고등학교 들어가서는 공부가 힘들다고 느낀 적이 있나요?

A 예, 고등학교 때는 많이 느꼈던 것 같아요. 좀 더 자세히

말하면, 공부가 힘들기보다는 공부를 못하겠다고 느꼈던 경우들이 있었어요. 두 종류가 있는데, 첫 번째는 머릿속이 복잡할 때, 두 번째는 그냥 공부가 안 될 때였어요. 머리가 복잡할 때는 인간관계 때문이 많아요. 저는 어떤 사람과 관계가 꼬이면 공부에 집중을 못 하겠더라고요. 물론 해결할 수 있는 거는 바로 해결해요. 예를 들어 내가 친구한테 잘 못 했고, 사과로 끝날 수 있는 일이면 사과를 하죠. 그러고 나서 마음 편히 공부하는 게 나아요. 그런데 내가 어떻게 해야 하는지 모르겠고, 고민해도 마음이 불편하거나, 슬프거나, 힘들기만 하고, 뭘 어떻게 할 수 있는 일이 없을 때는 공부에 집중이 안 되는 거 같아요.

그럴 때는 조용히 사람이 없는 곳으로 갔어요. 아니면 이어폰을 꽂은 채 독서실 책상에 머리를 묻고 주변에 대한 신경을 다 차단한 채 공부하려 했어요. 특히 그때는 아무 생각 없이 풀 수 있는 수학 문제 같은, 좀 말이 이상하긴 한데, 연산 문제 같은 단순 계산은 아무 생각 없이 손만 사용해 풀 수 있으니까, 그런 문제들을 풀면서 푹 빠져 있으면 상황이 나아지는 거 같았어요. 그렇게 해도 안 될 때는 아예 공부를 안 했어요. '오늘은 공부가 안 되는 날이다' '오늘은 못 한다' 하면서 그냥 일찍 잠을 잤어요. 자고 일어나면 마음이 좀 나아지기도 하고 그래요.

Q 공부를 못 하겠다는 생각이 들었던 두 번째 경우도 얘기해주세요.

A 예, 그냥 공부가 안 될 때가 있어요. 정말 공부가 1도 안 될 때, 뭘 해도 손에 안 잡히는 날 있잖아요. 공부하기 싫은 마음이 너무 강해 그날은 정말 내가 '아니야, 그래도 해야지' 하고 자리에 앉았는데도 안 돼요. 백색소음을 틀어놓고, 핸드폰은 일부러 저기 멀리 던져놓고, 제 주변의 모든 유혹될 만한 것을 차단하고 공부하려고 집중해도 안 되는 날이 있어요. 공부하기 싫은 마음이 '아이, 하기 싫어' 정도가 아니라 '공부를 아예 거부한다!' 그런 날이 가끔 있더라고요. 물론 그래도 내일이 당장 시험이다, 그러면 어쩔 수가 없죠. 그땐 해야죠. 내일까지 해야 하는 과제가 있는 경우도 효율이 10퍼센트밖에 안 나더라도 꾸역꾸역해야 하는데, 그런 것들이 없으면 그때는 그냥 안 해요.

Q 그럼 그때는 뭘 했나요?

A 자거나, 잠깐 환기를 하거나, 산책하거나, 나가서 바람 좀

쐬며 맛있는 걸 사 먹었어요. 계속 공부해야 한다는 부담감을 아예 뺐다가 나중에 다시 시작했던 거 같아요. 하루 쉬거나 자고 일어나 마음 잡고 하고 그랬어요. 대략 3학년 1학기까지 한 달에 한 번 또는 많으면 두 번 정도 '번 아웃'이 왔던 것 같아요.

Q 그 시간 이외에는 자신에게 쉬는 시간을 주지 않았나요?

A 길게 주지는 않은 것 같아요. 물론 시험이 끝나고 나서는 쉬는 시간을 가졌지만, 또 틈틈이 제가 목표량을 채우고 쉴 때도 있었지만, 하루를 아예 쉬겠다고 정해놓지는 않았어요.

Q 이제 다른 질문을 할게요. 공부에 있어서 엄마 아빠가 어떤 영향을 준 것 같나요? 직접적인 영향을 주신 분이 계신가요?

A 사실 엄마 아빠 둘 다 아니세요. 공부 압력이나 푸시는 전혀 없었어요. 저를 강하게 공부시키려고 한다든지, 억지로 학원에 보내려 하신 적이 한 번도 없으세요. 제가 부모님께 받아봤던 공부에 대한 압력은, 고등학교 때 한 번 시험 기간인데 놀고 있으니까 "공부 좀 해야 하지 않겠냐?" 하셨던 적이 있는 게 다예요. 그때 그런 말을 엄마한테 처음 듣고 충격을 먹었거든요. '엄마가 나한테 공부 좀 해야겠다고 말할 정도면 내가

진짜 많이 놀았구나'라는 생각을 했죠.

Q 엄마 아빠에게 공부 관련 이야기를 들은 건 그게 다예요?

A 부모님이 제 공부에 직접적인 도움을 주신 거는 없지만 감사하게 여기는 건 있어요. 제가 어릴 적에 책을 엄청 자주 읽어주셨거든요. 말하기 전부터, 그러니까 아기 때부터 읽어주셨다고 들었어요. 그때부터 시작해서 제 기억에 초등학교 들어가기 전까지 진짜 책을 많이 읽어주셨어요. 평소에도 자주 읽어주셨지만, 자기 전에 꼭 1~2권씩 읽어주셨어요. 엄마 아빠가 상황에 따라 번갈아 가면서요. 그게 습관이 돼서, 중간에 엄마 아빠가 하루쯤 쉬고 싶어도 책을 안 읽어주면 제가 잠을 안 잤다고 그러더라고요. 읽은 책 또 읽어주시고, 같은 책도 진짜 많이 읽어주셨어요. 제가 한글을 읽기도 전인데 하도 많이 들어서 그냥 책을 외웠다고 하더라고요. 특히 진짜 좋아하는 책은 그냥 들어서 다 외운 거죠. 초등학교 저학년쯤 읽어주시는 게 끝난 거 같아요.

생각해보면 별거 아닌 것 같지만 이렇게 책을 읽어주신 게 엄청 도움이 된 것 같아요. 사실 초등학교 3학년 정도부터는 학교에서 시험이 있으니까 시험공부도 하고 친구들이랑 활동도 하느라고 책을 많이 읽은 기억이 없거든요. 최근에도 어려운 책들을 읽은 기억은 없는데, 일상적인 이해력이나 특히 문장 이해력, 어떤 상황에 내던져졌을 때 대처력 같은 것에서 엄마 아빠가 책을 읽어주셨던 것이 많은 도움이 된 것 같아요. 하나 더 덧붙이면 어릴 적 여행을 많이 다닌 것도 도움이 된 것 같아요.

Q 가족 여행을 말하는 건가요?

A 예, 여행뿐 아니라 초등학교 3~4학년까지 캠핑도 진짜 많이 갔어요. 틈만 나면 주말 껴서 2박 3일씩 국내 여행을 갔죠. 경험을 쌓는 게 중요하다고 말하잖아요. 정말 그때 그 다양한 경험이 축적돼서 상황 대처력이나 이해력이 좋아진 것 같아요. 세상을 보는 눈도 넓어지고요. 다른 사람을 대하는 것도 좀 더 쉬워져 타인 관계력이 좋아진 것 같아요.

엄마가 장난 반 진담 반으로 이런 이야기를 하신 적이 있으세요. "너는 내가 막 공부시키고 극성부린다고 해서 더 잘할 애가 아니다." 저를 잘 아신 거죠. '일부러 여행 같은 쉬는 시간을 자주 만들어주는 게 너한테 해줄 수 있는 가장 좋은 지원이다' 같은 뉘앙스의 말을 해주셨어요. 최근 일인데 어느 정도 맞는 것 같아요. 제가 부모님이 극성이었다고 해서 더 했을 것 같지는 않아요. 오히려 번 아웃이 오지 않게 해주신 게 제게는 가장 큰 지원이었죠.

Q 서은 양은 하나고와 영재고를 동시에 합격했고, 이후 서울대와 카이스트에도 동시에 합격했어요. 이런 결과를 불러온 본인만의 공부 원칙이 있다면 뭔가요?

A 사실 저는 공부 원칙이 없어요. 그냥 '악으로 깡으로' 했어요. 사실 뭐랄까, 정확히 표현하자면 '깡'은 아닌 것 같고 '악'으로 했던 것 같아요. 그러니까 "안 되면 되게 한다" 뭐 그런 거였어요. 아니, 이게 더 맞는 표현일 것 같은데 "안 되면 될 때까지 한다"였어요.

어떤 걸 해야 하는데, 제 기준으로 5시간 해야 하는 일인데 그날은 제가 집중력이 50퍼센트다. 그런 날이 있잖아요. 그러면 10시간을 앉아 있는 거죠. 내가 하는 공부가 남들은 3시간 만에 할 수 있지만 나는 6시간 해야 하면 그냥 6시간을 쓰는 거죠. 그런데 남들보다 더 잘하려면 9시간쯤 해야 하잖아요. 이렇게 실제로 해야 하는 시간을 많이 늘렸어요. 그렇게 해서라도 내가 원하는 만큼까지는 만든다는 생각이 있었던 것 같아요. 제가 집중력이 부족하거나 체력이 힘든 날에는 '버티면서' 오히려 조금 더 앉아 있는 걸 선택하는 느낌으로요.

Q 질문이 좀 구체적인데 국어, 수학, 사회, 과학 이렇게 과목별로 공부 스타일이나 방법이 있으면 말해주세요.

A 수학을 먼저 말씀드릴게요. 특목고 입시를 위한 수학 공부는 중학교 내신 공부와는 완전 달라요. 문제 자체가 수학 경시대회 수준이죠. 저는 입시학원 다니면서 준비했는데 개념보다는 개념 응용 문제가 훨씬 많아요. 문제를 계속 다양한 방식으로 응용해가면서 정말 많이 풀었죠. 처음에는 몰라서 답지도 참고하면서 이해하다가 점점 스스로 풀어보며 계속 연습했어요. 이게 막상 할 때는 모르지만, 시간이 지나니까 실력이 늘어 있는 게 보이더라고요.

Q 과학 공부는 어떻게 했나요?

A 과학은 이론이 중요한 게 많아 이론을 정말 확실하게 이해하고 외운 다음에 문제를 계속해서 풀며 실력을 늘렸던 것 같아요. 제가 약간 제 글씨로 적으며 공부할 때 훨씬 더 잘 외워지는 습관이 있어요. 그래서 교과서를 그대로 베낄지라도 필기

노트를 무조건 따로 만들어 그걸 자주 읽으면서 암기했어요.

Q 국어나 영어는 어떻게 공부했나요?

A 중학교 때 내신을 위해 공부했던 기준으로 말씀드릴게요 (3년 동안 모든 내신 과목 A). 국어는 특히 문법이 수학이랑 비슷하다고 생각했어요. 그리고 시, 소설 이런 거는 암기라고 생각하거든요. 수능 국어는 잘 모르겠어요. 따로 준비하지는 않아서요. 중학교 국어 내신은 내가 해당하는 범위의 자습서나 참고서에 달린 주석들을 '아, 이렇게 해석하는 거구나' 하고 외웠죠. 외우고 또 외우고, 주제나 특징 같은 것도 자습서에 안내된 대로 외웠어요. 그리고 또 문제 풀면서, 문제에서 어떤 스타일로 표현되는지 익혔어요.

Q 영어는요?

A 영어도 국어처럼 했어요. 특히 문제에서 국어나 영어 모두 의미를 묻잖아요. 어떤 의미인지는 내가 생각하는 의미일 수도 있지만, 중학생이나 고등학생 수준에서 시나 문학을 잘 해석하기 힘들어요. 우리가 해석하는 것과 작가가 해석하는 게 다를 수 있죠. 시험에서는 작가 혹은 평론가 또는 책을 쓴

사람의 의도에 따라 해석하는 게 정답으로 인정되니까 그걸 외우는 거죠. 또 문제에 어떤 식으로 표현되는지도 중요하니 문제를 풀어보고요. 예시를 알아야 하니 수업 시간에 필기한 걸 많이 외웠어요. 선생님들이 수업 시간에 필기해주신 것이 많이 나오더라고요.

Q 평소 입시와 관련되지 않은 독서는 어느 정도 했나요?

A 수학과 과학 공부를 주로 하면서 입시와 상관없는 독서는 별로 안 했어요(^^). 그렇다고 독서를 막 싫어하지는 않았어요. 막상 책을 집으면 재밌게 읽었는데, 특목고 준비나 고등학교 공부 과정을 따라가는 데 있어 일반적인 독서를 하기가, 사실 뭐랄까 귀찮은 거죠. 하루 종일 공부하고, 중간고사 기말고사 대비하고, 끝나고 나서 책 좀 읽어야지 했더니 다음 학기 준비하려고 학원 가고. 이러다 보니 그사이에 여유 내서 해야 한다고 하지만, 그 정도로 열정적으로 독서를 하고 싶거나 강한 의지가 생기는 건 아니었어요. 최소한으로는 했죠. 입시에 필요한 내신이 끝났을 때는 여유가 생겨 책을 좀 많이 읽은 것 같아요.

Q 본인이 스스로 객관적으로 판단하기에 나는 영재성이 있다, 혹은 천재라고 생각해본 적이 있나요?

A 솔직히 말씀드리면 제가 영재나 천재라고 생각하지는 않아요. "수학이나 과학을 타고났다" 아니면 "정말 물리 천재다" 이런 사람은 아닌 것 같아요. 하지만 제가 겸손 부리지 않고 말한다면 공부는 잘한다고 여겨요. 어떤 걸 풀었을 때, 새로운 내용을 들었을 때, 누군가한테 뭔가를 배웠을 때, 그것에 대한 이해력이나 머리를 써서 생각하는 것들을 좀 잘하는 것 같기는 해요. 가끔 문제 풀다가 잘 풀리면 '아, 나 천재 같아' 이렇게 생각한 순간은 있죠(^^). 내가 생각해도 좀 신기하고 기발한 아이디어를 떠올렸을 때, 풀이를 고민하다가 뭔가 딱 떠오르는 순간 '어, 나 똑똑하구나' 이렇게 느끼지만 그냥 공부하는 스킬이 좀 뛰어나다고 여길 뿐이에요. 영재라고 생각한 적은 별로 없는 것 같아요.

Q 지금 중학생들, 특히 특목고를 준비하는 학생들에게 해주고 싶은 말이 있나요?

A 중학생 때 고등학교 입시를 준비하는 게 일반적으로 힘들고 어려운 과정이 맞아요. 그래도 지나고 보면 결과가 좋든 그

렇지 않든 간에 성장의 계기가 되는 건 맞더라고요. 좋은 경험이기도 하고요.
내가 가장 해주고 싶은 말은 후회가 안 남도록 최선을 다하라는 거예요. 최선을 다하면 떨어졌더라도 열심히 했던 기억들, 공부습관들이 결국 어떤 고등학교에 가서든 큰 힘이 된다는 걸 알았으면 좋겠어요.
특목고 입시를 같이 준비했던 친구들이 떨어지고 나서도 일반 고등학교 가서 엄청 잘하더라고요. 막상 대학교는 저희보다 더 좋은 곳에 간 친구들도 많아요. 특히 특목고 입시에 실패했다고 해서 내가 못했다는 느낌을 안 가졌으면 좋겠어요.

Q 대학 입시 수험생들에게 해주고 싶은 말도 있나요? 특히 상위권 대학을 노리는 수험생들에게 해주고 싶은 말이 있다면?

A 똑같이 최선을 다하라는 말을 해주고 싶어요. 차이점은, 제가 특목고 준비하는 친구들한테는 떨어져도 아무 문제가 없다고 했는데 대학은 좀 다른 것 같아요. 물론 떨어져도 재수하면 되지만, 그래도 대학은 바로 가도록 준비하는 게 더 좋다는 말을 해주고 싶어요.
제가 고 3, 3월에 '대학이 뭐 진짜 그렇게 중요하고 대단한 건가'라는 생각이 들었거든요. 제 주변에 고민하고 힘들어하는 친구도 많았고요. 그러다 보니 그런 생각이 들었던 것 같아요. '대학이라는 게 뭐라고 이렇게 힘들게 고민해야 하느냐?'고 여겼는데 결론은 '그렇다고 또 대학 때문에 일희일비(一喜一悲)하는 게 별것 아닌 것 같지는 않다'였어요.

일단 최대한 열심히 준비하고, 뭐 가령 서울대 떨어져서 연세대나 고려대 간다고 해서 인생이 망하는 건 아니잖아요. 우리가 스무 살부터 앞으로 살아갈 삶에 어떤 밑거름이 될 거라는 생각으로 공부하면 좋겠어요.

대학도 준비하려고 하면 너무 복잡하고 어렵게 보이잖아요. 그런데 막상 뛰어들어보니 뭐 그렇게 복잡하지는 않더라고요. 정신 잘 붙잡고 열심히 하세요. 마지막으로, 하나 더 자신감을 가지세요. 내가 충분히 준비했다는 걸 알면 자신감이 생겨요. 그런 자신감을 가지고 하고 싶은 대로 입시도 도전해보라고 말하고 싶어요.

Q 이제 대학을 물어볼게요. 서울대 화학생물공학부와 카이스트에 동시 합격했는데 서울대를 포기하고 카이스트를 선택했어요. 그 이유는 뭐죠?

Ⓐ 두 가지 이유가 있어요. 첫 번째 이유는 연구를 좀 많이 해보고 싶다는 점이에요. 제가 영재고를 다니면서 어쨌든 연구를 해보았잖아요. 물론 수박 겉핥기 정도라고 생각하는데, 그래도 실험을 포함해 프로젝트 형식으로 연구를 했거든요. 저는 화학생물공학을 좋아하는데, 특히 화학이 좋아요. 화학 연구는 거의 실험을 베이스로 해요. 그런데 이게 서울대는, 아니 서울대뿐 아니라 거의 모든 학교가 학부생 때는 특별한 경우가 아니고서는 연구실에 들어가기 힘들어요. 주로 수업을 듣고 시험 보는 것 위주죠. 보통 석사나 박사과정에 들어가야 연구실을 가는데, 카이스트는 학사과정에서부터 연구할 기회가 많거든요. 학생들끼리 연구할 수도 있고요. 그게 저한테 크게 작용했던 것 같아요.

Ⓠ 그럼 서울대를 포기하고 카이스트를 선택한 두 번째 이유는 뭐죠?

Ⓐ 카이스트의 무학과 입학이에요. 물론 지원서에 희망 학과를 적기는 해요. 저는 서울대와 마찬가지로 화학생물공학을 적었어요. 카이스트는 1년 지나고 1학년 말에 학과 선택을 하는데 정말 자유 선택이에요.

예를 들어 입학생이 700명쯤 되는 것 같은데, 그 모든 학생이 한 과로 진학한다고 해도 받아줘요. 모두 다요. 그러니까 1년간 숙고해보고 정말 자유롭게 과를 선택할 수 있다는 게 좋았어요.

Q 영재고를 졸업한 학생 입장에서 그 학교만의 최대 장점을 몇 가지만 얘기해주세요.

A 학교마다 다르지만 우리 학교는 일단 수학, 과학에 집중할 수 있다는 거예요. 수학, 과학을 좋아하는 학생이라면 우리 학교가 정말 좋아요. 다른 과목에 대한 부담이 훨씬 적거든요. 제가 국어, 영어, 사회를 공부했던 기억이 까마득한 이유가 그 과목들은 정말 최소한의 것만 해도 되어서예요. 시험도 그 과목들은 어렵게 나오거나 하지 않아요. 대신 수학, 과학에 집중하면서 그 분야의 심화 내용을 많이 배울 수 있어요. 수학, 과학은 대학 과정에 해당하는 내용도 배워요.

Q 그렇다면 나는 어문 계열을 좋아한다는 학생은 영재고를 추천하지 않겠네요?

A 추천이 아니라, 오면 안 되죠. 그리고 저 학교 장점 몇 가

지 더 말할 게 있어요. 친구들이 어쨌든 수학과 과학을 좋아하고, 관심사도 비슷하잖아요. 그런 면에서 시너지 효과가 많이 나요. 함께 얘기하다 보면, 물론 저희가 늘 그런 얘기만 하는 건 아니지만, 그래도 관련 학문 얘기를 많이 해요. 그 대화만으로도 얻는 게 커요. 또 각자 잘하는 분야가 다르거든요. 저는 화학을 전공하지만 물리를 잘하는 친구도 있고, 수학을 잘하는 친구도 있어요. 그 친구들이 한 곳에 모여 있으니까 새로운 생각이 많이 나와요. 그것뿐만이 아니라 똑똑한 친구들이 모여 있다 보니까 다른 얘기를 하다가도 깊이 있는 생각들을 많이 접할 수 있는 것 같아요.

마지막으로 학교 자랑을 덧붙이면, 연구할 수 있다는 게 정말 큰 장점 같아요. 사실 고등학생이 고급 장비를 가지고 연구해보기가 쉽지 않잖아요. 저희가 직접 주제를 정하고, 실험도 설계해보고, 또 대학 연구실에 가서 직접 해볼 수도 있어요. 그렇게 하다 보면 거의 둘로 나뉘어요. 연구가 정말 잘 맞는 친구들이 있고, 아니라는 친구도 있는 거죠. 그런데 저같이 연구가 잘 맞는 친구들은 우리 학교가 너무 좋아요.

물론 연구가 안 맞는 친구들에게도 좋다고 생각해요. 이 친구들이 아무 경험 없이 대학 가서 연구하겠다고 뛰어들었다가 그제야 안 맞는다고 느끼는 것보다는 일찍 연구는 아니라는 걸 알면 다른 걸 찾아서 갈 수 있죠. 어쨌거나 머리가 좋은 친구들이니까, 연구뿐만 아니라도 할 수 있는 일이 많잖아요.

Q 마무리 질문할게요. 서은 양의 공부정서는 어떤가요?

A 그 질문을 "공부가 재밌냐?"고 물어보는 것으로 바꿀 수 있다고 생각하는데요. 답변을 드리자면 공부가 재미있는 것 같아요. 중학교까지는, 특히 1학년까지는 공부하면 성적이 잘 나오는 게 좋았어요. 중학교 1학년 때까지 공부 자체가 재밌다는 느낌이 들지는 않았는데, 공부를 계속하다 보니 성적이 잘 나오고, 또 새로운 걸 알고, 내가 몰랐던 문제가 풀리고, 안 풀렸던 문제의 답을 구할 수 있고, 이런 게 너무 재밌게 느껴진 순간이 있었어요.

그렇다 보니까 오히려 내신 공부는 재미가 없을 때가 많았던 것 같아요. 내신은 답이 정해져 있고, 그냥 정해진 틀을 최대한 꽉꽉 채우는 느낌이었죠. 어쨌든 전체적으로 공부가 재밌냐고 물어보면 저는 재미있는 것 같아요. 고등학교 와서는 대학교 과정에 해당하는 선형대수학을 배우면서 '오, 이런 세상이 있구나' 하는 감탄도 했죠.

제가 '이 맛에 공부하지' 싶은 마음이 들 때는 모르던 문제가 풀렸을 때인 것 같아요. 그전까지 못 풀던 문제가 풀렸을 때, '내가 이런 생각을 할 수 있다고?' 하며 좋은 공부정서를 키웠던 것 같아요. 그 성취감과 짜릿함? 그런 경험이 중요한 것 같아요. 제가 말씀드린 게 수학, 과학에만 한정하는 것인지는 모르겠지만, 그래도 그 경험이 중요해요.

공부에 긍정적인 생각이 들도록 하는 건 사실 힘들지만, 그렇게 되려면 일단 공부가 재밌게 느껴져야 해요. 일단 각자 자기가 재밌다고 느끼는 포인트가 다르잖아요. 그것에 맞춰줘야 해요. 어떤 아이는 성적이 오르는 과정을 좋아할 수도 있고, 일단 좋은 성적 자체가 좋은 사람도 있을 수 있죠. 또 누구는 공부를 열심히 해서 칭찬받는 게 좋을 수도 있고요. 선생님이 좋아서 그 수업을 좋아하게 된 친구도 많았거든요. 수업을 같이 듣는 친구가 좋을 수도 있고, 학원 분위기가 좋을 수도 있어요.

공부라는 게 당연히 쉽지 않고 편하지도 않은 일이잖아요. 앉아서 뭔가를 머릿속에 넣는 행위 자체가 즐거워지기는 힘든 거 같아요. 다만 그 공부하는 과정에서 내가 얻을 수 있는 거나, 공부해서 오는 보람, 의미, 기분 중에 내가 즐거움을 느낄 걸 찾아야 하는 것 같아요.

Q 누구에게는 칭찬이 큰 의미로 다가오고, 학원 선생님이나 주변 친구가 그런 영향을 줄 수도 있으니 개인마다 다르다는 거네요. 공부와 관련해 즐거움을 주는 환경이나 기회가 공부정서에 영향을 준다고 생각하는 거죠?

A 네, 그리고 초중고 차이가 있다면 일반적으로 고등학교 때, 그러니까 점점 후반부로 갈수록 공부에 좋은 정서를 찾기가 힘들어지는 것 같아요. 저는 영재고를 갔기 때문에 좀 달랐지만, 일반 고등학교에 간 대부분의 학생은 일단 대입을 위한 내신에 더 집중해야 하고, 모의고사 준비하고, 수능 준비하는 등 공부의 목표가 대학에 국한되잖아요. 왜 이 공부를 하는지 어떤 의미를 찾기가 힘들어지니까 갈수록 공부정서를 키우기가 더 어려운 것 같아요.

Q 선생님은 서은 양 초등 담임이었고, 그때 어떤 생활을 했는지 알고 있죠. 그런데 그때 기억에 멈춰 있었던 것 같아요. 오늘 이야기를 듣고 더 많은 걸 알았어요. 한편으로 '악으로 깡으로' 공부했다고 했던 부분에서는 '참 어려운 과정을 잘 인내하고 버

텼구나' 하는 짠한 마음도 들었어요. 카이스트에서 많은 활동과 연구를 하면서 멋지게 자신을 찾아나갈 거라 믿어요. 오늘 인터뷰 고맙고, 수고했어요.

A 예, 저도 좋은 시간이었습니다. 감사합니다.

늦기 전에 공부정서를 키워야 합니다

초판 2쇄 발행 | 2023년 5월 20일

지은이 | 김선호
발행인 | 이종원
발행처 | (주)도서출판 길벗
출판사 등록일 | 1990년 12월 24일
주소 | 서울시 마포구 월드컵로 10길 56(서교동)
대표 전화 | 02)332-0931 | 팩스 · 02)323-0586
홈페이지 | www.gilbut.co.kr | 이메일 · gilbut@gilbut.co.kr

기획 및 책임편집 | 최준란(chran71@gilbut.co.kr) | **디자인** · 강은경
제작 · 이준호, 손일순, 이진혁 | **마케팅** · 이수미, 장봉석, 최소영
영업관리 · 김명자, 심선숙, 정경화 | **독자지원** · 윤정아, 최희창

편집 및 교정 · 심은정 | **전산 편집** · 박은비
CTP 출력 및 인쇄 · 상지사피앤비 | **제본** · 상지사피앤비

ISBN 979-11-407-0381-4 03590
(길벗 도서번호 050177)